情绪钝感力

博雅——编著

北京日报出版社

图书在版编目（CIP）数据

情绪钝感力 / 博雅编著 . -- 北京 : 北京日报出版社 , 2025. 1. -- ISBN 978-7-5477-5072-8

Ⅰ . B842.6-49

中国国家版本馆 CIP 数据核字第 2024HA8402 号

情绪钝感力

出版发行： 北京日报出版社
地　　址： 北京市东城区东单三条 8-16 号东方广场东配楼四层
邮　　编： 100005
电　　话： 发行部：（010）65255876
　　　　　总编室：（010）65252135
印　　刷： 三河市刚利印务有限公司
经　　销： 各地新华书店
版　　次： 2025 年 1 月第 1 版
　　　　　2025 年 1 月第 1 次印刷
开　　本： 920 毫米 ×1260 毫米　1/16
印　　张： 11
字　　数： 160 千字
定　　价： 42.00 元

前言

preface

在你的身边一定有这样的朋友：

他们的内心世界异常丰富，他们会为花开而欣喜，也会为叶落而悲伤；他们共情能力极强，懂得为他人着想，总是带给你一种温暖的感觉；可他们也像一只刺猬，对周遭的一切异常敏感，一旦有风吹草动，就立刻方寸大乱，然后张开身上的刺来保护自己。外界稍有动静，他们就会反思："他刚刚那样说，是不是故意打压我""他说这些话分明是针对我""我这样做，他们会不会看不起我"。他们会在内心反复回味刚刚遭遇的事情，不断强化自己的"受害者"意识，其实他们的内心却在渴望他人关心自己、认可自己、表扬自己。当隐藏在内心的需求得不到满足时，他们会心生不满、怒火中烧，甚至不停地抱怨。

这类人还有一个共同的特点：特别在意别人如何看待自己。因为这份在乎，他们说话、做事变得小心翼翼，生怕一不小心就给别人留下不好的印象，更怕对方瞧不起自己、不认可自己。在这种心理的驱使下，他们给自己增添了许多不必要的愁苦、郁闷和焦虑。当然，也正是因为这份自卑在作祟，他们不敢勇敢地表现自己，而是变成了越来越沉默的“社恐”者。

美国心理学家伊莱恩·阿伦（Elaine Aron）曾用“DOES”模型来解释高敏感特质：

D：depth of processing——深度加工，对信息过度加工，以至于思虑过多。

O：overstimulation——过度刺激，容易因为一些小事产生强烈反应。

E：emotional reactivity and empathy——情感反应和同理心，容易理解他人的情绪并受到影响。

S：sensing the subtle——感知微妙之物，对微弱的光线、微小的声音等都能清晰地感知到。

敏感就像一把双刃剑，在给人带来强大感知力的同时，也让人陷入自我否定、精神内耗的沼泽地，难以脱身。曾见到过这样一段话：“一个敏感的人，大多数时间都不幸福，因为太过在乎。在乎今天下哪一种雨，飘哪一朵云；在乎在对方眼里的自己够不够好；在乎牵手的时候太冷清，拥抱的时候不够靠近；在乎会不会失去他。”

其实，敏感的人就是缺少一种“翻篇”的能力。要想获得这种能力，就需要提升自己的钝感力。“钝感力”是日本作家渡边淳一发明的一个词。具体来说，它既是一种迟钝的心态，也是一种能力。拥有钝感力的人通常有如下几种能力：

1. 迅速忘却不快之事。

2. 认定目标，即使失败也要继续挑战。

3. 坦然面对流言蜚语。

4. 对嫉妒、讽刺常怀平常心。

5. 面对表扬，不得寸进尺，不得意忘形。

这也是钝感力的五项铁律。

对于“玻璃心”“泪失禁体质”的敏感者而言，怎样才能提升自己的钝感力？这本《情绪钝感力》会给大家详细、全面的答案。本书详细介绍情绪敏感者的种种症状表现，并追根溯源“致敏”的深层次原因，解锁很多“脱敏”的良方。为了提升文章的可读性，也为了方便大家理解，书中还插入了不少故事。阅读书中内容，相信可以帮助大家摆脱情绪敏感，疗愈心情，重塑自我。

物随心转，境由心造。期待大家能从本书中汲取正能量，摆脱烦恼、焦虑、恐惧、自卑等负面情绪，做个云淡风轻的人，拥有不纠结、不勉强的能力和智慧！

目录

contents

第一章

你的问题，就是太敏感

但凡是个敏感的成人，生来就有资格郁郁寡欢。

——［美］菲茨杰拉德

敏感是一把双刃剑，一旦被你驾驭，就会变成助力。如果你驾驭不了，它就会变成你人生中的灾难，自卑、多疑、愤怒、焦虑、孤独、恐惧等负面情绪也会随之而来，你的幸福指数也会从此直线下跌。

敏感者的内心装着一个放大器

敏感是天赋也是枷锁，敏感者很容易产生重度内耗，甚至陷入自卑。真正心智坚韧的人早就把“玻璃心”戒了。

拥有敏感情绪是一种什么样的体验？大致是这样的：看到一个煽情的桥段，会泪流不止；看到别人的表情发生细微的变化，会胡思乱想，在头脑里一遍遍猜测他“变脸”的原因；在领导面前不小心犯了一个错误，会夜不能寐，辗转反侧，不停地在心中播放犯错的画面……

每一个情绪敏感的人，好像都在内心装了一个放大器。首先，他一旦受到外界的一点点刺激，就会在心里把它放大无数倍。他会随着剧情的波动而感动哭泣，或者悲愤不已。其次，情绪敏感的人抗压能力很差，受不了别人的批评和指责；他们一旦遇到挫折和失败，内心就会很受伤，情绪也变得消沉。最后，情绪敏感的人危机意识很强，也很容易杞人忧天，对未知和风险充满不安与恐慌。

玲玲的单位来了一位新同事，可这位同事到岗没几天就辞职了，离职的理由也让人感到意外。

“这个单位的每个人都很冷漠，他们只顾着低头干自己的事，没有一个人和我聊天，我感觉自己很孤单……

“另外，那个张主管看上去也很厉害，说话做事总是雷厉风行，没有一点为人谦和的感觉。我上次就因为犯了一个小小的错误，就被她借题发挥，数落了半小时。我感觉自己很委屈，很不喜欢这里的工作氛围……”

人力资源部的同事转述着新同事的离职原因，主管听着听着，陷入深思：抄错调研数据只是一个小小的错误吗？她的这个“小小的错误”很有可能会让公司损失价值几百万元的项目啊！这种专业能力差且自私、敏感的员工留不得呀！

在职场打拼，过于敏感的员工很难在竞争激烈、需要紧密沟通合作的团队中有所成就。

职场上最降低工作效率的事是“玻璃心”。情绪敏感的人虽然情感丰富而细腻，且同理心强，能够站在他人的角度思考问题，但是他们的缺点也是显而易见的，就是容易因别人的冷漠、排挤或者误会而悲伤难过，继而不断自我质疑、自我消耗，最终让自己的生活陷入糟糕的境地。

情绪敏感虽然是职场大忌，但并不意味着过于敏感的人一定是错的。从科学的角度来讲，这群人之所以“玻璃心”，主要是因为他们的镜像神经元和腹内侧前额叶皮层更为活跃，所以面对外界刺激，他们比别人接收得更快一些，内心感受也更强烈和持久一些。

面对自己的“玻璃心”，过于敏感者要做的就是在发挥自己特长的同时，尽量有意识地调节自己的心态，控制自己的情绪波动，减少对负面思想的回顾，这样才能避免被情绪淹没，从而无法正常生活和工作。

自卑：长在心底的一棵杂草

有人说：“自卑是一条毒蛇，它无尽无休地搅扰、啃噬我们的胸膛，吮吸我们心中滋润生命的血液，注入厌世和绝望的毒液。”过于敏感者应该清理自己内心自卑的毒液，否则它会摧毁你的人生。

小菲是一个心思细腻、情感异常丰富的孩子。在生活中，她认真工作，努力上进，总是竭尽所能地想把工作做到最好，可事实却不尽如人意。时间一长，她难免心生抱怨。

工作不如意的小菲忍不住向男朋友抱怨，可男朋友觉得这一切都是小菲想多了，工作中这些所谓的困难其实都是很正常的事，小菲应该积极提升工作能力。

听到男朋友的回复，小菲陷入了懊恼，心想：“为什么你们都不在意我的感受！为什么最亲近的人也不帮助我说话，果然你们都看不起我！觉得问题都出在我的身上！”

在现实生活中，我们每个人都喜欢听赞赏和肯定的话，都讨厌来自别人的批评。尤其是那些情绪敏感的人，对于来自外界的刺激，更会产生强烈的情绪反应。

“每次提交方案，心里都七上八下的，生怕领导不满意我写的东西，更怕他瞧不起我。”“客户轻轻皱一下眉，我都得胡思乱想一整天，就怕我哪里做得不合适，惹他生气了。”“排队的人这么多，我不能做一个自私的人，我要以最快的速度把自己的单买完。”这些都是像小菲一样过于敏感者内心世界的真实写照。

他们总是会被外界的事物、别人的言行所影响。每个人都是独立的个体，没有人能完全契合另外一个人的想法，于是过于敏感者就对他人的评价非常在意，尤其是那些否定和不接纳自己的评价。他们更加容易捕捉到别人的无心之语，而且内心还会因此而很受伤。从这里就可以看出，过于敏感的人群常常伴随着自卑的心理。

荣荣的父亲是一家啤酒厂的工人，母亲是一个全职家庭主妇，因为不挣钱，经常被丈夫嫌弃。在这种环境下长大的荣荣形成了自卑、敏感、做事小心翼翼的性格。她第一次来到省城上大学时，同学们都夸她身材高挑、长得漂亮，可她总觉得这是衣服的功劳，是衣服衬得她高挑，就是不相信自己外形出众。

当要好的朋友和别人交好时，荣荣心酸难过，认为朋友不再喜欢和她交往；朋友对她好，她认为这是朋友对她的一种怜悯。

为了让别人看得起，荣荣拼命学习。除了学习成绩好，她对唱歌、舞蹈、绘画也都样样在行，可心底的自卑始终压迫着她，让她无法看到自己的优秀。

我们从上面这个故事中可以总结出，过于敏感者具有很典型的自卑心理。一般来说，这类人的自卑通常表现在以下几个方面。

第一，他们遇事总是消极地看待问题，把任何事情都往坏的地方想。自卑的人对自己没有信心，所以他们总是抱着消极的心态看待事情。他们觉得好的结果很难降临在自己身上，即便是别人对自己好，那也一定是对自己的怜悯。事实上，很多时候这些都是他们的错觉，大部分人平时都很忙，根本没有时间关注别人的一举一动，更不会无缘无故地嘲笑或影射一个人。所以，根本没必要让自己活得那么累。

第二，自卑的人总是心情低落、郁郁寡欢。因为这类人缺乏自信，所以他们很少参加竞争类的活动，享受不到成功带来的喜悦和欢乐。另外，这类人害怕别人瞧不起自己，所以总想着疏远别人，平时形单影只、小心翼翼，所以内心比较孤单、郁闷，有时还得加上自责、内疚的干扰，他们会变得身心疲惫、心灰意懒。

第三，自卑的人总是多疑。“他吃饭的时候都没有叫我，是不是不喜欢我了？”“今天我是最后一个上交方案的，领导会不会觉得我能力最差，因而把我开除了啊！”这类人对自己的能力不自信，所以总会忍不住质疑自己，内心没有一点安全感。

据心理学家的研究，长期被自卑笼罩的人不仅心理失衡，容易陷入精神内耗，而且生理上也会有一系列变化，如心血管系统和消化系统受到损害，还会致使大脑皮层长期处于抑制状态，进而分泌出很多有害激素，导致身体出现一些病症。

自卑是个人对自己不正确的认知。为了更好地生活和工作，我们需要及时调整心态，从自卑的负面情绪中解脱出来，这样在遇到困难、挫折时才不会出现焦虑、泄气、失望、颓丧的情感反应，也不会在一次次的心理失衡中损害自己的健康。

抱怨：一种巨大的精神内耗

作家贾平凹说："怨气有毒，存在心里，等于自己服毒药。"学会放大格局，开阔胸襟，才能化解负面情绪，不至于在逆境中沉沦。

《请停止精神内耗》一书里有这样一个故事：

宝拉的妹妹因为工作不顺利，所以产生了辞职的念头。心烦意乱的她打电话向姐姐一通抱怨，公司里的同事拉帮结派，领导也很讨厌她，每个人都欺负她，她根本融入不了这个集体，所以继续在这里待下去也没有什么意思。

但过于敏感的妹妹没想到，姐姐宝拉非但没有跟随自己抱怨的节奏一起吐槽，反而鼓励她振作起来，表示"一切都会好的"。

"你就跟我说这些吗？我就知道我对你不重要，在你看来，我就是个烦人的小妹妹。"妹妹看到姐姐不为自己说话，心里瞬间涌上一股怨气。

在上面的这个故事中，宝拉的妹妹无疑是一个敏感、多疑的人。她觉得全单位的人都在排挤自己，不想方设法融入集体，反而消极地向姐姐抱怨起了自己所处的环境。姐姐本来想给她一些积极正面的引导，但是妹妹一点都不领情，反而埋怨姐姐不关心和重视自己。

高铁上，一个男子在打电话。他一会儿抱怨公司环境不好，一会儿抱怨世道不公，让他怀才不遇，一会儿抱怨同事难相处、朋友对不起他。车程一小时，他抱怨了一小时。

表面看，这个男子很可怜，永远被一摊烂事缠住。但事实上，他的内心已被抱怨占满。如果不让他抱怨，他心里郁积的情绪将无法释放。面对生活给出的挑战，他不去积极寻找解决方案，更无勇气去改变现状，只能怨天尤人。

在心理学上，有一种“受害者思维”模式。有这种思维模式的人，对自己的处境极度不满，总认为自己无辜，是外界的人和事造成这种糟糕状态。

有受害者思维的人，整天只关注外部因素的影响，并抱怨不休。比如，高铁上那个永远在抱怨的男子。他们把自己放在受害者的位置上，牢骚满腹，怨气冲天。

但他们真的是受害者吗？当然不是。他抱怨的真相，是因为其不够强大。倘若那个男子工作能力很强，在公司能够独当一面，领导只会出高薪挽留他，同事只会羡慕他，亲朋好友只会敬慕他。即使如他所说，工作环境不好、同事难相处、朋友对不起他，那他凭着自己的能力，也能跳槽或进入自己喜欢的工作环境，又怎么会给别人机会来羞辱自己？

所以，归根结底，他抱怨，其实是因为他不够强大。

一个情绪敏感的人不仅内心自卑，而且还喜欢跟别人抱怨自己的处境。这些人一旦在生活中遇到不顺心的事，就想抱怨几句，以此发泄自己的委屈和不满。但是这样的行为真的有用吗？抱怨能解决问题吗？抱怨真的能帮助他做出理性的判断吗？答案当然是否定的。

抱怨不仅不会帮助我们消除矛盾，反而会带来一系列负面的影响。

首先，抱怨会引起焦虑、恐慌、害怕等负面情绪。

其次，抱怨的人身上通常承载着一股负能量，所以当其抱怨自己的不满时，他周围的人也会因为接收到这股能量而心情烦闷、郁郁寡欢。如果他的这种抱怨没有节制，那么朋友也会因为害怕被负能量纠缠而渐渐远离他。

最后，抱怨会让我们陷入消极情绪的旋涡无法脱身，意志消沉，从而丧失解决问题的勇气和智慧，最终使矛盾加剧，问题也得不到彻底的解决，从而严重影响工作效率。

作家三毛说：“偶尔抱怨一次人生可能是某种情感的宣泄，也无不可，但习惯性地抱怨而不谋求改变，便是不聪明的人了。”抱怨是一种消极的人生态度，我们不要随意把这份不开心泼向周围的人。

生而为人，大家在这个世界上都不容易，所以要尽快收起那颗敏感、抱怨的心，积极地与苦难的命运对抗，这样才能彻底击败困难，从根本上化解心中的烦恼和苦痛。

你有自信，别人才会对你尊敬。你要相信，求人不如求己，你可以多帮助人，尽量少求别人。

本领越多，越不需要求人。多一项技能，就少一些碰壁。万事求人难，不如自己办。该走的路，脚踏实地地走；该做的事，认认真真地做。

对自己狠一点，比优秀的人更加努力，再过几年，你就会感谢当年奋斗的自己。只有自己足够强大了，你才不会遇到些许不顺心就不停地抱怨。

焦虑：情绪敏感者的生活标配

无论你的人生走到哪一个阶段，总会有人在仰望你，亦有人在俯视你，所以不要焦虑，也不要自卑，只有放平心态，专注眼前的事情，你的人生才能过得松弛、自在。

在现实生活中，那些情绪敏感的人不仅容易自卑、抱怨，而且更容易滋生很多焦虑的情绪。尽管现实情况可能并没有他们想象的那么糟糕，可是他们还是忍不住焦虑不安、心神不宁。参加面试的时候，他们忧心忡忡，生怕自己的表现无法让面试官满意；演讲的时候，他们焦虑不安，生怕出现忘词的情况，从而招来大家的嘲讽；和领导交流的时候，他们紧张得手冒冷汗，生怕说错话，引得领导不满。总之，焦虑成为情绪敏感者的生活标配。

从某个角度来说，焦虑并不是一件坏事，它可以让个体保持足够的警觉性，激发人们的积极性，从而促使其进步，但是如果大家把握不好这个度，就很容易给自己带来一系列负面的影响。

有焦虑情绪的人都知道，当这种负面情绪来袭时，人通常会心烦意乱、搓手顿足，很难集中注意力去干某件事。心中充满焦虑的敏感者遇事就难以平复心情，容易遭受失眠多梦、头昏脑涨的困扰。还有一部分人会出现心悸、多汗、血压升高、口干舌燥、大小便增多的情况。更有甚者，会出现胸闷气短的现象以及强烈的濒死感。

焦虑不仅会引起心理上的变化，而且还会引起生理上的变化。如果一个敏感者长期处于焦虑状态，那么就会损害他的健康。为了保证自己的身心健康，我们应该从以下几个方面出发，加以调整。

1. 不要过多地在意别人

很多情绪焦虑的敏感者总是把自己的注意力集中在他人身上，他人的言论、语调、动作、神态都被他们尽收眼底。一旦他们从中捕捉到某些信息，如皱眉、咂嘴、摇头、叹气等，就会让焦虑者胡思乱想，不断在心中猜测对方的心思，继而心绪不宁，甚至有大难临头之感。

事实上，很多时候大家都是就事论事，并没有特意针对某个人的意思。我们只需要把自己的精力放在事情本身上就可以，无须为他人的反应乱了自己的心神。

2. 腹式呼吸法

腹式呼吸法是一种利用呼吸反应来抵制焦虑的方法。具体来说，就是让人在放松、舒适的状态下，用鼻子缓缓将空气吸入体内，将这个过程持续 3 ~ 5 秒，等到鼻子吸不动的时候，再用嘴把吸入的气体全部呼出去。在用这种方法对抗焦虑时，要把注意力全部集中在腹部的感受和呼吸的节奏上。这种方法可以让我们的呼吸更加顺畅且均匀，身体和心理也会慢慢地趋于平静。

3. 扪心自问

当我们觉察到自己的情绪有波动的时候，不妨扪心自问：我为什么会这么焦虑不安，这件事值得我如此伤神吗？有什么积极的补救措施能够挽救现状？我如果这样沟通，对方会不会更加满意一些？这些心理建设可以帮助我们更好地缓解内心的焦虑。

对于一个敏感的人而言，缓解焦虑情绪的方法远不止这些，我们可以采用适合自己情况的方法使心情平静下来，如可以采用食疗的方法改善焦虑，还可以采用转移注意力的方法对抗焦虑。总之，不管是哪种方法，只要对自己有效果，都值得一试。

抑郁：一场难以治愈的“心灵感冒”

抑郁症传播范围广、负面影响大。当你身边有人因为它而郁郁寡欢时，请重视这种人，不要对其有偏见，更不要用刺激性的语言将他们推向痛苦的深渊。

随着生活节奏的加快，如今，越来越多的人因为情绪得不到释放，增加了患上抑郁症的风险。尤其是那些心思细腻、情绪敏感的人，他们遇到一连串的打击和挫折之后，负面情绪无法得到有效排解，患上抑郁症的风险会更大。

首都医科大学附属北京安定医院儿童精神科医生介绍，他们医院的儿童心理门诊日均接诊量达到了 300 例左右，无论是寒暑假还是开学后，每天的门诊号基本会被挂满。

据相关机构调查统计，2022—2023 年度，14.8% 的青少年存在不同程度的抑郁风险，其比例高于成年群体；18 岁以下的抑郁症患者已占患者总数的 30.28%，其中五成的抑郁症患者为在校学生，约有 41% 的抑郁症患者曾因抑郁休学。

从这些数据可以看出，抑郁症如今已经是一项不容忽视的精神类疾病。通常来说，患有抑郁症的人会有如下几种表现。

1. 心烦意乱，坐立不安

大部分患有抑郁症的人通常会心烦意乱、坐立难安。他们对周遭的一切事物都失去了兴趣，每天都觉得有各种烦心事，情绪消沉，精神濒临崩溃，“烦死了”似乎成了他们的口头禅。

2. 对自己的价值产生深深的怀疑

每个人都有自己的优点和缺点。对于正常人而言，有缺点是一件再正常不过的事情，可对于抑郁症患者而言，缺点就是一道过不去的坎儿。他们常常忽略自己的优点，而让自己深深地陷入自我否定的泥潭里，无法脱离，如“我真的很没用，连这么简单的工作都完成不了”“我真的笨死了，这个题这么简单都不会做”。无法鼓励自己、欣赏自己是抑郁症患者共有的心结。

3. 感觉身心疲惫

人处于抑郁状态时，心里会有很多消极的想法，这些想法会让人思绪万千，疲惫不堪，四肢无力，做什么事情都提不起精神来。“我感觉胳膊和腿像灌了铅一样，没有一点力气。”“我的心好累，感觉喘不上气。”“我的胸口很闷，像压了一块大石头一样。”当周遭的人常常用这样的话描述自己的感受时，你就要警惕了，看看他是否正遭受抑郁症的困扰。

4. 与抑郁症相关的躯体症状

很多时候，抑郁症患者会有失眠、头痛、胃痛、恶心、背痛、颈痛、肠胃不适、便秘、腹泻、食欲不振等身体症状。

另外，还有一些人会出现动作迟缓，说话少且语调低、语速慢的情况。严重的抑郁症患者则会出现动作僵硬、行为急躁的现象。

从上面的这些症状，我们可以看出抑郁症对一个人的身心健康有多么大的危害。那么，对于抑郁症患者而言，导致他们发病的究竟是什么呢？

相关研究显示，抑郁症的成因很复杂，其中有遗传的因素，也有性格敏感的影响。一般来说，那些内心自卑，遇事喜欢用悲观、消极的心态看问题的人更容易遭受抑郁情绪的侵害；那些心思细腻、敏感多疑的人也容易钻进思想和情绪的死胡同，从而无法以积极阳光的心态面对人生。

小圆是一个心思单纯的孩子，在参加高考那年，她竟然患上了抑郁症。在谈及病因时，她这样说道："从小家里对我的教育就是要懂事，我听到最多的话好像就是'你要听话，要为别人着想'。"在这种压抑的教育环境中，小圆乖巧懂事，且同理心很强，很怕给别人添麻烦，也怕别人不喜欢自己，自己的感受往往憋在心里不敢说。加上高考前的学习压力过大，家人寄予的厚望和害怕高考失利等因素的叠加，让敏感的小圆情绪彻底失控，身体也受到了很大的影响。

对于患有抑郁症的人而言，要想与其进行抗争，就要改变自己的思维方式，用理性重新认知这个世界，看清楚自己的优势和长处，这样才不会妄自菲薄，从而陷入无尽的自我怀疑中。另外，要辩证地看待事物，不要总是看那些消极面，以至于让自己失去生活的希望。俗话说："世界上只有一种英雄主义，就是在认清生活的真相之后，依然热爱生活。"以勇气战胜困难，以微笑面对痛苦，以积极乐观的态度面对人生的风雨，才是真正的勇士。

孤独：在一个人的世界里，一个人狂欢

亚里士多德说："离群索居者，不是野兽，便是神灵。"人生道路上，孤独是一种常态，所以不必害怕孤独，坦然接纳并品味孤寂，你的灵魂和智慧会得到升华。

曾经有人将孤独分为十个等级：

一级：一个人逛超市；

二级：一个人去餐厅；

三级：一个人去咖啡厅；

四级：一个人去看电影；

五级：一个人去吃火锅；

六级：一个人去看海；

七级：一个人去游乐场；

八级：一个人旅行；

九级：一个人搬家；

十级：一个人去做手术。

看到这些孤独的场景，你是否感同身受？在现实生活中，很多乐观开朗的人总是嘻嘻哈哈，呼朋引伴，被人群簇拥，身边热闹非凡。但是对于很多胆小、敏感的人来说，合群似乎是一件让人非常痛苦的事情。

就像网上所说的那样，“我周围人声鼎沸，他们讨论着我不喜欢的话题，我只好微笑，目光深远，于是孤独感从四面八方涌来，将我吞噬”。这种形单影只、百无聊赖的感觉实在是糟糕透了。

刘先生今年32岁，过着单身生活。他自称：从18岁开始到25岁的这个年龄段，他感到非常孤独。尤其是在雨天或晚上的时候，他一个人躺在房间里，强烈渴望有一个伴侣。几乎每个晚上他都会不由自主地哭泣。虽然他感觉很痛苦，却不愿让家人觉察到，连哭泣都尽量无声无息。

刘先生非常苦闷，总觉得与周围的人格格不入，他觉得许多人素质太差、低俗、自私，而周围的人则认为他清高、自负、好表现，不愿搭理他，还经常挖苦他。

刘先生很孤独，他不知道自己是该随波逐流，还是继续保持独特的个性。他现在远离家乡，在外地城市做着一份仅够养活自己的工作，没有爱人，没有朋友，经常发愁，不知道自己的未来在哪里。

有些人常常觉得自己是茫茫大海上的一叶孤舟，性格孤僻、害怕交往、莫名其妙地封闭内心，或顾影自怜，或无病呻吟。他们不愿投入火热的生活中，却又抱怨别人不理解自己、不接纳自己。心理学把这种心理状态称为闭锁心理，并把因此而产生的一种感到与世隔绝、孤单寂寞的情绪体验称为孤独感。

我们内心的孤独感从何而来？为什么有的人身处闹市却觉得自己已经被世界抛弃，而有的人孤身一人却生活得充实而富足？

每个人都是独立的个体，都有属于自己的经历、体验和意识。当一个人深深沉浸于自己的意识中，渴望自己的内心被他人理解却又发现很难与他人交流的时候，便会产生精神上的孤独感。

孤独的人有不同的表现，有的人很自卑，对自己的主观评价过低，觉得别人都不愿意与自己交流，为了满足自己维护与保全自尊的主观愿望，他们自觉或者不自觉地将自己封闭起来，最终自陷孤独境地。

还有一种人，他们对自己的评价就是“弱者”，他们认为自己是弱势的一方，于是在生活的各个方面都“自觉”地认为自己应该是受呵护、受照顾的，如果得不到别人主动的关心和照顾，他们脆弱和多愁善感的一面便展现了出来，觉得别人都没有理会自己，从而产生孤独感。

孤独会使人产生挫折感、狂躁感，令人心灰意冷，严重的还会厌世轻生。

以下是一些孤独心理的预警级心理活动。

1. 即使在欢快的场合，也很难被当时的气氛感染，仍然认为自己很孤单。

2. 觉得与大多数人很难沟通，认为别人都不理解自己。

3. 过于内向，有了心事找不到一个能倾诉的人。

4. 认为人们都各怀鬼胎，不值得信任。

5. 心里很希望别人来接近自己，但是自己却不采取主动。

6. 觉得自己是个多余的人。

在我们的生活中，不被人关注、不被人喜欢、不被人肯定是很多人的切身感受。同时，也有很多命运多舛的人，他们的原生家庭糟糕至极，导致他们孤僻、内向、敏感、自卑，一生都被孤独的情绪折磨着，最后郁郁而终。

生而为人，孤独是必经的情绪体验。在这段无人相伴的日子里，你可以意志消沉、情绪低落，独自体会和玩味这种糟糕的感受，但是更可以在独处的时光里，梳理自己的情感，审视自己的内心，提升自己的能力，升华自己的人生，这样的选择才是走出孤独，开创新人生的智者所为。

恐惧：幽灵般的吞噬者

敏感、多疑的人，总会时时被恐惧情绪侵扰。恐惧就像幽灵一般，吞噬着人们的幸福感与平和感。我们要想摆脱这个恐怖的吞噬者，就得学会自我调节、自我疏导。

我们在生活中经常可以看到这样一类人，他们性格敏感，心思细腻，很害怕跟别人交流，有时即便迎面走来一个熟识之人，他们也会想方设法地回避，不敢与对方有眼神的接触，无法与对方大大方方地打招呼，更加不知道用什么样的语言与对方寒暄。和一个不熟悉的人同处一室时，他们的内心更是充满恐惧和煎熬，因为他们根本找不到合适的聊天话题，所以他们总是把气氛弄得很尴尬。

这样糟糕的恐惧情绪，相信很多内心敏感的人都体验过。他们的内心一般都缺乏交往的动力，所以在潜意识里对于人际交往有一种恐惧和逃避的心理。另外，他们也不想待在热闹喧哗的环境里，因为在这里他们无法怡然自得，内心无法得到安静。反之，他们喜欢一个人待在自己的小天地里，这样社会活动才不会给他们带来疲惫和恐惧。

此外，内心敏感的人不仅不喜欢热闹，也不喜欢在公共场合发言，尤其是在开会的时候，当领导叫他们发言时，他们的内心更是被恐惧情绪占满。在恐惧情绪之下，他们的头脑一片空白，发言断断续续，声音止不住地颤抖，脸也涨得通红，手心会冒出很多汗，心脏怦怦直跳。

正是因为有这些糟糕的体验，他们才总是害怕在公共场合发言，更不会积极主动地向他人提问。尤其是当工作中遇到挫折、遭受领导的批评时，他们的恐惧情绪会更为加重。

那么敏感的人为什么会经常出现这种恐惧情绪呢？究其原因，还是由内在的不自信导致的。这类人总是喜欢逃避问题，他们害怕自己的缺点暴露在别人的视野里，害怕自己被别人评价，更害怕遭到别人的嘲笑和打击。他们不得不当众发言时，只觉得仿佛将自身放置在聚光灯下一般，似乎自己的缺点也会被无限放大一般，所以内心充满了深深的恐惧。

对于普通人而言，恐惧情绪往往是一个信号或者警告，它可以帮助我们开启自我保护机制。在恐惧心理的作用下，我们会变得小心翼翼，从而让自己躲避很多外在的风险，降低了犯错和受伤害的概率。可是对于敏感人群而言，恐惧情绪是很糟糕的存在，它的突袭会让他们无所适从，甚至产生明显的心理与身体症状，严重者会出现交际能力和社会机能水平严重衰退，最后陷入可怕的恶性循环链中，问题也永远得不到解决。

为了激活自己的潜能，也为了更好地让自己融入团队，情绪敏感者首先需要调整自己的心态，在内心告诉自己：犯错也是一件很正常的事情，谁能保证自己这辈子都不犯错呢？所以，勇敢地尝试和别人打招呼，勇敢地发表自己的意见，就算说错话也没关系，畏缩不前、懦弱胆小只会加重自己的恐惧心理。

另外，情绪敏感者可以逼着自己尝试一些不熟悉又不得不做的事物。做任何事情，都讲究“一回生二回熟”。尝试的次数多了，自己就会发现恐惧情绪其实也没有那么强大，向前迈一步，生活竟然那么丰富多彩！

第二章

敏感的你，为什么会“泪失禁”

原生家庭不好的人，慢半拍、慢几拍已经是很优秀了。别责怪自己，因为别人在成长的时候，你还在原生家庭的内耗里，别人在搞事业的时候，你还在搞自己。

——罗翔

医生在治病之前都会通过望、闻、问、切的方式了解病人的病因，他们只有了解了病因，才能对症治疗。同样的道理，要想杜绝敏感情绪的困扰，我们也要深度解析“致敏”的成因，只有这样才能改善“泪失禁”的体质。

多愁善感是一种气质类型

多愁善感是一种气质类型，可以让我们更好地感知丰富多彩的人生，但也会给我们带来无尽的烦恼。为了更好地收获轻松自在的人生态度，我们一定要积极调整自我，不要把所有的事都朝坏的方向想。

心理学上讲，每个人天生具有一种相对稳定的个性特点和行为倾向，这就是气质。一般来说，气质可以被分为四个类型：多血质、胆汁质、黏液质和抑郁质。

多血质的人通常活泼、敏感、好动、思维活跃，很擅长与人交往。代表人物是王熙凤。

胆汁质的人情感发生得特别迅速、强烈、持久，他们热情、耿直、精力旺盛、强势、脾气急躁，非常容易情绪化。这类人不善思考，言行会随着心情的变化而变化。代表人物是张飞。

黏液质的人反应迟缓，善于克制、隐忍，情绪稳定，性情沉着、内敛。这类人的缺点是灵活性差，优点是不卑不亢、认真执着，自律性强，持久力强。代表人物是刘备。

抑郁质的人优柔寡断、多愁善感、谨小慎微、想象力丰富。这类人一般性格孤僻、敏感多疑，为人小心谨慎，不愿意表达自己。代表人物是林黛玉。

从上面的表述可以看出，过于敏感的人属于抑郁质。从心理学的研究来看，这些人之所以多愁善感，主要是受遗传因素的影响，而且这个影响因素比环境和教育的影响更大。

心理学家曾做过这样一个实验：他们让不同的新生儿用吸管喝水，在婴儿喝水的过程中，不断改变水的甜度。对于这一变化，有的婴儿照喝不误，有的婴儿则做出很强烈的反应。这也就是说，对于同样的外界刺激，婴儿的反应各不相同。两年之后，心理学家再次跟进研究，发现那些对水的甜度反应强烈的婴儿比其他婴儿的心思更加敏感一些。

一般来说，过于敏感的人在人群中的占比是很高的，据调查，每五个人中就有一个敏感的人。在日常的工作、生活中，拥有这种特质既有利又有弊。

首先，过于敏感的人拥有发达的神经系统，对事物具有很强的感知能力，可以快速接收外部世界的信息，并对这些信息进行分析、整理，建立各种连接。

其次，过于敏感的人洞察能力很强，才思敏捷，在艺术感知方面很有天赋。

最后，过于敏感的人共情力更高一些，责任感更强一些，和内心丰富的人一起共事，他们会把握好自己的分寸，不会做出越界的事情。

但是，正是因为这类人过于敏感，所以有人不经意地跟他们开一个玩笑，也会让他们胡思乱想很久。他们总认为别人不在乎他们。这种自卑让他们敏感的神经更加脆弱，经不起一点打击，焦虑情绪经常不请自来，生怕自己表现不好，从而引人不满。

对于过于敏感的人而言，应该如何更轻松、快乐地和他人相处呢？一方面，要降低对自己的要求，从内心接纳真实的自己，这样才能放松紧绷的神经，从而在做事的时候获得更多的松弛感。另一方面，适当地屏蔽一些无用的信息，减少它们带来的干扰和刺激，从而避免内耗。

不幸的原生家庭：某些敏感人群的痛苦之源

心理治疗师罗纳德·理查森说："人生最困难的事情之一就是从心理和感情上摆脱早期原生家庭环境的影响，不再重复原生家庭中的一切，也不刻意去做与之截然相反的事情。"愿我们每个人都能远离不幸的原生家庭带来的的伤害，做回勇敢、自信的自己。

家庭治疗师维吉尼亚·萨提亚曾说："一个人和他的原生家庭有着千丝万缕的联系，而这种联系有可能影响他一生。"

诚然如是。一个人的原生家庭如果很糟糕，这就很容易导致其产生自卑、敏感的情绪。下面于静的故事就很好地说明了这一点。

于静深受重男轻女观念的折磨，当初妈妈怀她的时候，家里已经有了四个女孩，当时爸爸对怀孕的妈妈说：“如果这个孩子还是女儿的话，我就和你离婚。”

懦弱、愚昧的妈妈竟然将生不出儿子、丈夫与自己离婚的过错都推到了于静的身上。

父母离婚后，妈妈将于静送到了姥姥家。寄人篱下的生活让于静倍感孤独，感受不到一点父母的爱和家庭的温暖。

这样不幸的原生家庭导致于静的性格极度敏感，尤其是在感情中很容易患得患失，完全没有安全感。

人们常说：“幸运的人一生被童年治愈，不幸的人一生都在治愈童年。”于静不幸的童年导致她自卑、敏感，很在意别人的看法和评价，一直在寻找别人的认可和肯定。

于静的故事告诉我们：不幸的原生家庭就是过于敏感者的痛苦之源。在原生家庭中得不到爱和肯定的孩子一生都缺乏安全感、归属感，他们自卑、懦弱，总觉得自己不配拥有美好的东西，常常讨好别人。另外，他们不敢向别人表达自己的诉求，也不敢争取自己的利益，在默默无闻中，逐渐降低了存在感。此外，他们也很害怕跟陌生人打交道，尤其是面对老师、长辈等权威性人物，他们会更加唯唯诺诺，不能正确表达自己的内心。

对于过于敏感的人来说，应该如何弥合不幸的原生家庭带来的伤害呢？

首先要学着放下过去。原生家庭是无法改变的，那就试着学会放下，放下过去的委屈和苦痛，试着走出不幸的原生家庭的阴影，重新开启自己的人生。

另外，我们要学会接纳自己，真正认清自己的价值，从日常的事务中获得成就感，在一次次实现自我目标的过程中找回自信和快乐！

敏感情绪也可能源于外部的刺激

生活百般滋味，人生需要笑对。不管外面风大还是雨大，我们都要为自己的情绪和人生负责。

有一个高中生，小时候活泼、自信，聪颖好学，成绩也很不错。后来，由于父母工作变动，她不得不转学到一个新学校读书。初来乍到，她很不适应这个新环境，学习也跟不上，和同学的关系也不是很融洽。在沉重的压力下，她变得非常敏感，经常以泪洗面，还变得很不自信，之后，甚至和人说话时她都不敢跟人对视。

后来，她好不容易考上了大学，境遇改善了不少，心态也变得越来越成熟，和大学室友也相处得不错，可敏感、自卑的性格一直持续到现在。她说自己还是很在乎别人的一言一行，一点点小事都能让自己心神不宁。

人都是会受环境影响的。在成长的过程中，我们的性格也会随着环境的变化而发生改变，就像上面故事中的那个女生一样，刚开始的她是一个阳光自信、活泼开朗的女孩，可是后来随着环境的改变，她经受了一些外部环境的刺激，性格慢慢发生了变化。这种变化可能包括以下三个方面。

1. 对自己敏感

以前我们的性格可能大大咧咧，对很多事情都有绝对的自信，可是后来经过一系列的挫折之后，我们发现自己的能力远远跟不上自己的认知，于是一下子从一个极端滑向了另外一个极端，开始释放一些消极的想法和情绪，如“原来在领导眼里，做这个项目的要求这么高，看来我还是有很大差距的，这次就不盲目争取了”。慢慢地，经过一系列的打击，我们的自信已经荡然无存，对自己的能力持质疑的态度。当一个考验摆在面前时，我们会变得很敏感，倾向于否定自己，害怕被别人嘲笑，也害怕遭到他人的拒绝。另外，我们还会在心里偷偷地将自己和他人做比较，在比较中不断质疑和否定自己。

2. 对他人敏感

以前我们喜欢成群结队，融入集体，一起去参与、去体验，后来在团队里发生几次不愉快后，我们会习惯性地揣摩别人的想法，也会自觉地避开一些集体活动。有时，自己即便满心委屈，也不敢表达真实的想法；面对别人的建议或者批评，自己的心里更是难以承受。

列夫·托尔斯泰曾说，“世界上只有两种人：一种是观望者，一种是行动者。大多数人都想改变这个世界，但没有人想改变自己”。在成长的道路上，很多挫折和困难我们都无法避免，我们只能去适应环境，不能改变环境。面对外来的打击，大家要记得学会改变自己的心态，用全面的、发展的眼光看待事物。

首先，别人否定你，说明你还有很大的进步空间。与其在这里自怨自艾、灰心丧气，不如多多提升自我，这样才能用自己的实力有力地回击对方。

其次，与人相处，难免会发生一些误会和摩擦，这个时候，我们要积极与人沟通，而不应该用敏感、回避的态度搁置问题，这样不仅会加深自己的猜疑，也会消耗彼此的情谊和信任。好的人际关系需要自己积极经营，敏感多疑、哭泣伤心解决不了任何问题。

最后，我们要学会宽容。包容别人的心直口快，接纳生活里的挫折和失败，学会与压力和平相处，用一颗大度和包容的心化解自己的负面情绪。

敏感的人总会过分解读

其实每个人的世界里没有那么多观众，他人的内心也并没有那么复杂。很多时候，你的敏感、纠结和痛苦内耗，也许都是误解在作祟。

前段时间沐沐谈了一段恋爱，不过最终以分手告终。对于分手的理由，男朋友这样解释："她真的太敏感了，我说什么话她都往坏处想，我们之间根本没有信任，跟她在一起实在是太累了。"

沐沐是一个心思细腻、敏感多疑的女孩。自从和男朋友在一起后，沐沐的心里总是没有安全感。

有时，男朋友给她发来一条消息："我今晚突然要加班，没办法接你了，你自己打个车回家吧！"

沐沐的内心却是这样想的："什么加班，这根本就是为自己找借口，以前不管多晚，他都会出现在我的单位门口，现在相处久了，就不在乎我了。"

沐沐喜欢吃炸鸡、汉堡，可男友总对她说：“这些食品不健康，吃多了对你的身体不好。”

“这是嫌我胖呀！果然，他已经不爱我了。”沐沐越想越觉得在理。

于是在这种猜疑心理的驱使下，她总是时不时地和男朋友闹别扭、搞“冷战”。时间久了，双方的感情在一次次面红耳赤的争执中消磨殆尽，分手便成了最终的选择。

故事中的沐沐就是典型的敏感型人格。从种种对话就可以看出，她总是喜欢过分解读某些事，曲解别人的意思，总觉得男友的话里有未尽之意，在敏感和猜忌的作用下彻底葬送了这段感情。

在生活和工作中，像沐沐这样敏感、多疑的人不在少数。他们之所以这样喜欢猜忌、喜欢内耗，主要是因为敏感情绪在作祟。他们总是喜欢过度解读别人的言行，最后硬生生地把自己变成了浑身长刺的刺猬，迫使别人离他们而去。

活得简单点，才是明智的选择。普通人的生活本来就是平平淡淡、简简单单，并不会出现电视剧中的那么多钩心斗角，没有那么多言外之意，只是我们过于敏感而曲解了别人的意思，从而生出了许多是非和烦恼。

自我意识淡薄：风往哪边吹，就往哪边倒

自我意识淡薄的人通常没有主见，他们常常被别人的意见裹挟，陷入思维的陷阱，从而变得敏感、易怒。过于敏感的人一定要警惕这一点。

张欣是个全职主妇，原本她有一个温馨幸福的家庭，可是近几个月，家里却因为一些琐事闹得鸡犬不宁，夫妻二人差点因此而离婚。

至于争吵的理由，张欣是这样跟自己的妈妈说的："最近，家明总是加班不回家，有时我辛辛苦苦做了一桌子他喜欢吃的菜，他一个电话就让我白忙活了。"

"那也不能怪他呀，加班也是没有办法的事情，他需要养家糊口，总不能随心所欲、想回就回吧，这样哪个领导敢要他呢？"

张欣听了母亲的话，内心稍微得到了安慰，可她还是很不满地说：“我的邻居张大姐说了，一个男人的变心就是从不回家吃饭开始的。家明已经连着一个礼拜不回来吃饭了！我一打电话他就说忙，开口就是‘嗯’‘哦’‘好’‘行’，和我说话惜字如金，好像多说一个字就会舌头疼似的。这就是不在乎我的表现。”

“孩子呀，都老夫老妻了，哪有那么多甜言蜜语要说呢？”妈妈笑着回应道。

“可夫妻之间不应该是无话不谈的吗？我的邻居张大姐都说了，夫妻之间，你愿意说，我愿意听，这样婚姻才能长久。你看看他现在，我说话他都爱搭不理，总是挑最简短的话应付我。这不是不爱是什么？

“以前天凉了，他都叮嘱我加衣；我做饭他也愿意搭把手；家里有垃圾，他也看得见。如今，他满脑子都是工作、工作、工作，能说的、会做的越来越少了。我觉得张大姐说得没错，男人就是钓鱼的人，等鱼儿上钩了，就不愿意浪费诱饵了。我现在越来越觉得张大姐说得对！他现在让我变得越来越敏感，越来越没有安全感了。”

张欣诉说着自己的委屈，竟然忍不住掉起了眼泪。

“你张口闭口就是‘张大姐说’，有没有问问自己的内心，你的丈夫表现得真的有那么差吗？他经常熬夜加班，身心疲惫，那么说话少、帮衬少不是很正常的事情吗？这么多年，他对这个家上不上心，你心里应该有数吧！怎么能因为外人的几句闲言碎语，就这么敏感、不自信呢？”

母亲的一席话让她陷入沉思，继而幡然醒悟。张欣意识到了自己的问题，急忙回去和丈夫道了歉。丈夫也为自己这段时间对家人的疏忽感到抱歉，于是说了很多体贴的话。自此之后，夫妻二人和好如初，家里也恢复了往日的欢声笑语。

从上面这个案例我们可以看出，一个人有的时候敏感、多疑，就是因为自我意识太淡薄了，所以总会受他人言行的影响，别人说什么，自己就信什么。换句话说，风往哪边吹，自己就往哪边倒，到头来自己变得敏感、多疑，也影响一家人的幸福。我们一定要多加警惕，否则很容易被负面情绪所困，最后令自己与幸福和快乐失之交臂。

从前，一只狐狸不小心掉进了一口井。井太深了，狐狸尝试了几次都以失败告终。

此时，正好有一只山羊因为口渴来到这里。它看到井里的狐狸，于是大声问道：“井里的水味道怎么样？可以喝吗？”

狐狸眼珠一转，随即藏起自己脸上的伤心和绝望，假装很开心地说：“井底的水甘甜无比，清凉舒爽，特别解渴，你赶紧下来吧！”

山羊一听，便高兴地跳进了井里。它喝完水之后，才发现这个井太深了，根本跳不出去。

这时狡猾的狐狸又说：“你把前脚放在墙上，头低下，我踩着你的背上去，爬出这口井，等我出去了再想办法帮你脱困。”

山羊又一次听信了狐狸的话，可脱困后的狐狸根本没打算履行承诺。山羊急得在井底大骂，狐狸则俯身嘲笑道：“愚蠢的山羊，如果你的头脑能像你的胡子一样多，你就不会在没摸清状况的时候随便跳下去了，也不会让自己处于困境之中。”

一个自我意识淡薄、不懂得独立思考的人很容易被他人左右。所以，当你被周围糟糕的环境所困扰，陷入深深的焦虑和绝望时，不要敏感、内耗，也不要愤怒、不甘，先反思一下自己是否像这只可怜的山羊一样，自我意识淡薄，不会自主思考。我们只有加强自我意识，才能更好地掌控情绪、掌控人生。

过于敏感的人不允许自己犯错

《战争与和平》里有这样一句话："每个人都会有缺陷，就像被上帝咬过的苹果。有的人缺陷比较大，正是因为上帝特别喜欢他的芬芳。"请不要对自己过于苛刻，只有允许自己犯错，你才不会在高标准、严要求中活得小心翼翼，敏感而痛苦。

有这样一个故事：

斯特凡是一个热爱舞蹈的 17 岁少年。因为他对舞蹈极度痴迷，且颇具天赋，所以很早就考入了一所舞蹈学校。进入学校后不久，他就被选中，代表学校参加一场很重要的比赛。因为不想让众人失望，所以他把舞蹈的每个动作都练习了几十遍，直到动作看起来完美无缺才停止。

因为斯特凡不允许自己有一丝一毫的错误，所以在追求完美的练习过程中，他过度地耗尽了自己的热情和精力。之后，他的精神状态每况愈下，严重的时候，他竟然会肢体僵硬，做不好任何动作。等到比赛的时候，他因为紧张而频频出错，最后无缘奖杯。

在这次失败的影响下，斯特凡慢慢地对跳舞产生了厌恶心理，因为承受不了羞愧和愤怒的折磨，他最后退了学，将舞蹈彻底从自己的人生中画掉了。

这个故事读来令人惋惜。一个本来天赋异禀的孩子，心怀诚挚的热爱，前途应该一片大好，可是不允许自己犯错的心态一步步摧毁了他的自信和人生，让他最后落得个“泯然众人矣”的下场。

在我们的现实生活中，也有很多人和斯特凡一样，凡事都喜欢苛刻地要求自己，绝不允许自己犯一点错误，一旦出现任何疏漏，便陷入深深的焦虑和懊恼。这样的心态无疑是错误的，过度要求完美只会让自己陷入内耗的精神牢笼，最后没有多余的时间和精力做真正有意义的事情。

例如，你本来打算减肥，可是在减肥之前总想把什么都准备好，如食材、器械、场地、服饰、鞋子等，缺少哪一个减肥要素，你都觉得不完美，没有心思开始锻炼。等到好不容易把所有的东西都准备好了，结果又因为天气的原因耽误了几天，于是减肥的计划便一再耽搁，而你也陷入深深的挫败感中，再也没有之前那股减肥的热情和冲动。

又如，你接手了一份写稿的工作，可写着写着，你发现哪里都不如预期的那般完美，文章的结构设计得不是很好，文章的选题立意也没有让人耳目一新的感觉，文章的遣词造句也不是那么精妙……总之，你把之前的劳动成果贬得一文不值，最后不得不推倒所有重做。

再如，你本打算去旅游，可是你总想把所有都准备妥帖，包括飞机票有没有优惠，天气适不适合出行，有没有适合旅游的衣服，当地有哪些特色美食，它们能不能合自己的胃口，到旅馆一个人住到底安不安全……总之，你想事无巨细地把一切都考虑到位，可计划永远赶不上变化，于是你在一次次修改计划的过程中错失了非常好的机会。

一位企业家被邀请到某个单位去做报告，下面有个人问他："您如今是一个功成名就的人了，请问，在您取得成功的过程中，哪个因素才是至关重要的？"

企业家听后并没有立刻回答那个人的问题，而是转身在黑板上画了一个有微小缺口的圆。接着，他问下面的人这是什么，台下的人对此畅所欲言，有人说这是圆，有人说是零，也有人说这是未完成的事业，还有人说这是成功……对于这些回答，企业家不置可否：“其实这只是一个未画完的句号。你们总想知道我为什么能把事业做得这么成功，其实道理非常简单，我凡事不强求圆满，就像这个未画完的句号一样，我一定要留下一个缺口，让我的下属去填满它。”

俗话说，“人生不如意事十之八九”。我们怎么可能全凭一腔热情和期待，就把所有的事情都做得完美无缺呢？在成长的过程中，失败和挫折在所难免，有点缺憾是再正常不过的事情了，所以不要让完美主义的执念将自己推进一个焦虑敏感的怪圈，否则你一定会因为过度内耗而一事无成。

同理心太强的人易过于敏感

同理心强的人情商高、人缘好，很受人欢迎；同时，同理心太强的人也容易过于敏感，经常承受精神内耗的困扰，无法快乐起来。

从前，一家农场里养了很多小猪、绵羊和奶牛。有一次，农场主要抓一头小猪，小猪害怕极了，它拼了命地反抗，嘴里发出凄惨的叫声。这些动静吵到了隔壁的绵羊和奶牛，它们很讨厌这样的声音，于是不耐烦地说："你瞎喊什么！他经常抓我们，我们都没有大呼小叫过。"小猪听了，委屈地说："主人抓我和抓你们是两回事。他抓你们只不过是为了羊毛和牛奶，抓我却是要我的命啊！"

故事里的绵羊和奶牛之所以能情绪平静地跟小猪说出那样一番话，是因为它们根本没有同理心，它们体会不到小猪的恐惧，所以才说出一番无关痛痒的话，惹小猪伤感。反之，如果它们有同理心，就会设身处地地站在小猪的角度思考问题，理解它撕心裂肺背后的绝望和无助。

通常来说，拥有同理心的人能理解他人的选择，同情他人的感受，能够更好地把握人际交往的分寸感，能够妥善解决纷争，也更容易获得别人的信任和尊重。但这并不意味着同理心越多越好，过分的同理心会让人变得心思敏感、委屈心酸、痛苦不已。为什么会这样呢？

首先，同理心超强的人善于察言观色、换位思考。因此，他能很好地理解他人的处境，并且可以贴心地根据他人的需求，及时提供他们需要的东西。可受惠的一方不像他们那般善于捕捉他人的意图，这就造成了付出和收获不对等的情况。过于敏感的人就会受到伤害，从而影响其人际交往。

某天，一对夫妻在餐桌上吃饭，丈夫看着碗里的面喃喃自语：“这么筋道好吃的面条，要是能配上一瓣大蒜就更好了。”

妻子体谅丈夫在外工作的辛苦，于是忙不迭地说：“你别动，我去给你拿吧！”到了厨房，她这才想起家里的蒜已经吃完了。为了满足丈夫，她一转身就急匆匆地朝楼下奔去。在这期间，丈夫慌忙阻止她：“没有就算了，不吃也可以。”可她根本没有听见。

当她捧着剥好的蒜瓣出现在饭桌前时，丈夫早已把碗里的面吃完了，而且就连桌子上她最爱吃的小龙虾也被“扫荡”一空。

妻子见状，心里顿时涌上了一股委屈：我能为你考虑，你为什么不能为我考虑？她失望地把蒜瓣扔在了桌子上，饭也没吃，难过地回到了卧室，锁上了门，独留丈夫一脸茫然。

在人际交往中，同理心太强的人懂得换位思考，将自己代入别人的处境，为别人着想；可对方未必有这样的同理心，所以他们不会对同理心太强的人事事体贴入微、处处为其着想，这样不对等的付出让同理心太强的人受尽委屈，总有一种“我不被在乎”的酸楚感。

其次，同理心太强的人也有一种不被他人理解的无奈感。比如，有个要好的朋友失恋了，她来找同理心太强的人倾诉，看着朋友委屈难过的模样，她很是心疼，于是甘心当她的“负面情绪垃圾桶”，事后还贴心地给她煮一碗热腾腾的面，给她补充能量。可当二人互换位置时，朋友却一脸的不耐烦，话里话外都是敷衍。这种“不被理解”的委屈和孤独很让人难过。

在现实生活中，如果你也是一个同理心太强，擅长通过别人的表情变化、语气变化去揣摩对方的心思，并且为对方着想的人，那么恭喜你，大概率你是一个很受欢迎的人。但是，在共情别人的同时，也要记得爱自己，这并非自私，而是对自我的一种保护。另外，如果你在与他人的交往中一味付出，感受不到对方的体贴和用心，让你很是难过、压抑、失望，那么就果断地停止跟对方的交流，这样可以让你及时止损，减轻负面情绪和消极状态的困扰。

另外，要记得建立一定的边界感，跟别人保持适当的距离，让对方明白你的底线，拒绝对方过分的要求等，这样才不会让你产生更多的精神内耗，从而使自己快乐起来。

第三章

学会钝感，停止精神内耗

钝感就是一种才能，一种能让人们的才华开花结果、发扬光大的力量。

——[日] 渡边淳一

在这个世界上，你是自己生命的主角，你是自己人生的主宰。摆脱敏感，拒绝内耗，必须从认识自己、接纳自己、相信自己、改变自己开始。

消除自卑情绪，让自己更自信

如果你生性敏感、自卑，就要学会接纳自我。人生只是一场体验，不必用来演绎完美。接纳自己的平凡，原谅自己的迟钝和平庸，这样才能心态坦然、情绪平和。

很多人常常不自觉地给自己画像，“因为我是忠厚无能的人，所以我只能忍气吞声，宁愿伤害自己也不指责对方”。这一形象一旦被刻画成功，品尝“后悔”的苦酒就成为一种自我安慰。习惯成自然，一旦事情过去，不是寻求胜利的喜悦，而是寻觅不幸与失误。

所以，那些时常悲观的人，往往也是自卑的人。自卑是人生最大的阻碍，每个人都必须成功跨越才能到达人生的巅峰。

自卑常常在不经意间闯进我们的内心世界，控制我们的生活，在我们有所决定、有所取舍的时候，向我们勒索着勇气与胆略；当我们碰到困难的时候，自卑会站在我们的背后大声地吓唬我们；当我们要大踏步向前迈进的时候，自卑会拉住我们的衣袖，叫我们小心“地雷”。一次偶然的挫败就会令你垂头丧气、一蹶不振，将自己的一切否定，你会觉得自己一无是处、窝囊至极，你会掉进自责的旋涡。

自卑就像蛀虫一样啃噬着你的人格，它是你走向成功的绊脚石，是快乐生活的拦路虎。只有自信才可以释放人的各种力量。自信的人胆大，自信的人英勇，自信的人坦诚，自信的人开朗，自信的人乐观，自信的人豁达，自信的人谦虚，自信的人热情，自信的人热爱生活，自信的人无所畏惧，自信的人快乐，自信的人容易接受自己的缺点，自信的人较客观，自信的人对自己较负责，自信的人较易控制自己的情绪，自信的人较易接受现实，自信的人更富同情心，自信的人更具爱的能力，自信的人人际关系更顺畅。

大学毕业后，明轩应聘到一个小镇任教。看着昔日的同窗有的在大城市生活，有的在大企业任职，有的投身商海，巨大的现实落差使他的梦想破灭，好似从天堂掉进了地狱。他的自卑和不平衡感油然而生，从此不愿与同学或朋友见面，不参加公开的社交活动。为了改变自己的现实处境，他寄希望于报考研究生，并将此看作唯一的出路。但是，强烈的自卑与自尊交织的心理让他无法平静，在路上或商店偶然遇到一个同学，都会令他好几天无法安心。他痛苦极了。为了考试，为了将来，他捧起书本，但都因极度的厌倦而毫无成效。据他自己说：“我一看到书就头疼。一个英语单词两分钟就忘，读完一篇文章头脑仍是一片空白，最后连一些学过的常识也记不住了。我的智力已经不行了，这可恶的环境让我无法安心，我恨我自己，我恨每一个人。”

几次失败以后，他停止努力，荒废了事业。当年的同学再遇到他，他已因酗酒过度没有人能认出他了。他彻底崩溃了。

自卑是一种心理暗示，给出这种暗示的，正是我们自己。我们给自己贴上了“失败者”的标签，就注定自己的一生是失败的！

贝利初到巴西最有名气的桑托斯足球队时，他害怕那些大球星瞧不起自己，竟紧张得一夜未眠。他本是球场上的佼佼者，但却无端地怀疑自己，恐惧他人。后来他设法在球场上忘掉自我，专注踢球，保持一种泰然自若的心态，从此便以锐不可当之势在赛场上驰骋，最终成了一代球王。

球王贝利战胜自卑的过程告诉我们：不要怀疑自己、贬低自己，只要勇往直前，付诸行动，就一定能走向成功，久而久之，就会从紧张、恐惧、自卑中解脱出来。因此，不甘自卑，发愤图强，积极进取，是医治自卑的良药。

一个自卑的人，应该知道，一旦发现自卑对自己构成了不利影响，最好冷静下来，抛开负面消极的思想，学会看到自己的长处。

这样做，会让自己更自信：

第一，不要与别人比较，而是与自己比较，做更好的自己。做到这点很不容易，因为我们从小到大所受的教育与社会影响多半是与别人比较，我们已经养成了习惯，但习惯是可以改变的。最好找一个好朋友一起施行改变计划，彼此鼓励，彼此切磋与支持。

第二，写下所有的优点。在许多场合下，要求参与者写下优点时，他们觉得很困难，但要他们写缺点时，却又快又多。为什么大家如此没有自信呢？花一点时间想想自己的优点，若想不出来，就问朋友或家人，有时候反而是别人知道我们的优点比我们自己知道得多。

第三，每天早上、中午及晚上念三遍自己的优点，刚开始可能觉得不自然甚至有些虚假，虽然有这种感受但仍然去做，在做了一段时间之后，你就会发现优点增加了。

第四，每天记下自己所做的事，在自己好的表现，如

“努力”“认真”“勤劳”等上面打一个记号；在需要改进的事及欠缺的方面，如“骄傲”“懒惰”等上面打一个记号。晚上做一个总记录，做完记录之后，好好地欣赏与肯定自己好的表现；对需要改进的事则告诉自己，明天我会改进，做得更好些。要谢谢今天所发生的一切，感谢它们使你有学习、改进和成长的机会。

第五，用幽默的态度“嘲笑”自己做得不够好的地方，而不要责怪自己:“你看，你又犯了这毛病，怎么搞的？”“你怎么这么笨，老是学不会，难怪别人都不喜欢你！”

只要我们是自信的，无论先天条件多么恶劣，所处环境多么艰难，都无法阻止我们前行的步伐。要相信这世界很好，但你也不差；这世界很无奈，但你也很可爱。

全面了解自己，做好正确的自我认知

一位作家说：“1 角硬币和 20 元钱若沉在海底，毫无区别。它们的价值区别，只有在你将它们捞起并使用时才能显现出来。”你只有把自己“捞起来”，全面审视一番，才能对自己的价值有一个正确的认知。

英国女科学家罗莎琳德·富兰克林从自己拍的 DNA（脱氧核糖核酸）晶体 X 射线衍射照片上发现了 DNA 的螺旋结构。随后，她还举行了一次学术报告会，会上做了相关的演讲。奈何她生性敏感，并不敢肯定自己论点的真实性。

两年之后，沃森和克里克也在富兰克林所拍照片的启发下发现了 DNA 的分子结构，并且提出了著名的 DNA 双螺旋结构学说。这一发现被认为是生物科学中革命性的发现，是 20 世纪最重要的科学成就之一。后来，沃森还因为这个发现获得了 1962 年诺贝尔生理学或医学奖，被称为“DNA之父”。

故事里的罗莎琳德·富兰克林之所以痛失重要的科研成果以及科研成果可能带来的重大荣誉，主要是因为她自己太敏感了。她对自己没有充分的认可和信任，所以才会怀疑自己的发现不真实。

现实生活中，也有很多人像故事里的罗莎琳德·富兰克林一样特别不自信，他们即便身上有很多的优点，依旧不自知，而且总是盯着自己的缺点不放。他们在自我怀疑和自我否定中不断内耗，最终一事无成。

要想摆脱这些负面情绪的困扰，首先要对自己有一个正确的认知，先全面了解自己，对自己有一个客观的评价，这样才能在一定程度上消除敏感、自卑的心理。

具体来说，应该如何正确认知自我呢？下面是几种实用的方法。

1. 从别人的评价中认识自我

宋代文学家苏轼在《题西林壁》中写道：“不识庐山真面目，只缘身在此山中。”我们之所以不了解“自我”这座“庐山”的真貌，主要是因为我们就是“庐山”本身。要想一睹自己的“真容”，不妨向周围的人打听一下。古人说：“以铜为镜，可以正衣冠；以史为镜，可以知兴替；以人为镜，可以明得失。”听听他人怎么说，从他人的评价中，我们也能对自己有一个更为客观的了解。

在了解的过程中，如果大家对你的评价和你的自我评价重合得比较多，说明你对自己了解得比较全面、客观；如果他人的评价和自我评价相差甚远，说明你在自我认知上有一定的偏差，需要及时调整。

另外，在听取他人的评价之时，也要选择合适的对象，这样才能更客观地了解自己。当然，他人的评价也要保证面面俱到，你不应该仅仅抓住一个自己心里想知道的点提问，这样无法做出全面、合理的自我判断。

2. 在比较中认识自己

比较法也是认识自我的一种比较直接的方法。你可以将自己的性格和他人进行比较，也可以将天赋特长和他人进行比较，还可以将处世方法和他人进行对比。总之，从多个维度入手，你可以了解到一个全面的自己。这种方法可以帮助我们建立自我认同感和自尊心，也可以缓解内心的敏感和焦虑。

3. 通过生活经历了解自己

一个人的性格如何、能力如何，从他为人处世的过程就能体现出来。

你的特长是什么？缺陷在哪里？情绪是否稳定？你不妨从经历过的事情中反思一下，你当时的表现就可以很直接地体现出你是一个什么样的人。

最后，我们还可以从“自我认知的窗口理论”入手。具体来说，自我认知共分为四个部分：第一，公开的自我；第二，盲目的自我；第三，秘密的自我；第四，未知的自我。对每一部分都给予全面且合理的评估，最后就能获得一个全面且客观的自我认知。

不要低估自己，你比想象的优秀

正确认识和评价自己的关键是要实事求是，既不高估自己，也不低估自己。这是一个人心理成熟的标志之一，也是一个人心态稳定的关键所在。

春秋战国时期，一位将军带着自己的儿子到前线打仗。在战斗的号角吹响的那一刻，父亲很严肃地拿出一个箭囊，告诉儿子："这是我们家传的宝贝，可以赐予你无穷的力量。你要把它带在身边，但千万不要将里面的箭抽出来。"

儿子看着眼前用牛皮制作的精美箭囊，心潮澎湃，内心充满了力量。他郑重其事地从父亲手中接过箭囊，大踏步奔向了战场。怀揣满腔的豪气，儿子果然在战场上所向披靡。可是就在鸣金收兵的时候，儿子的好奇心再也按捺不住了。他不顾父亲的叮嘱，兴奋地握住了那个用上等羽毛制成的箭尾，稍一用力，箭便展现在眼前。可让他意外的是，被抽出来的那支箭竟然是一支只有箭尾的断箭。

儿子被吓出了一身冷汗，身体的力量仿佛瞬间被抽空，没有了刚才的勇猛。

回到军营后，儿子将断箭的事告诉了父亲，父亲并没有责备儿子的不听话，而是说："你英勇杀敌，获得军功，源于自身的英勇无畏，而不是箭囊赐予的神力。之前我之所以那么说，就是为了让你发掘出自己的潜力，因为平时的你太不自信了。在战场上不自信就会丢了性命。"

这个故事向我们传递一个理念：一个人应该相信自己的力量，不应该把胜败寄托在外物上。你只有相信自己，才能迸发出无穷的力量。

林清玄小时候立志当一名作家。那时爸爸妈妈、兄弟姐妹都不相信他有实现愿望的这一天，他们甚至拿这个遥不可及的梦想嘲笑他。可林清玄并没有因此而受到打击，反而更加发愤图强，向众人证明自己。后来他真的成了一位知名的大作家。

永远不要低估自己的实力，其实你比自己想象的更优秀。你只有相信自己，才能在无形中激发自己的潜能，从而不断地向着成功一步步地迈进。

即使小小的成绩，也值得大大的赞美

马克·吐温说："只凭一句赞美的话，我可以多活三个月。"每个人都渴望得到别人的赞美。给自己鼓鼓掌，赞美一下自己，就会获得超然向上的生命力量。

幼儿园里有一个小男孩，活泼好动，非常调皮，每次在座位上坐不到三分钟，就要起来捣乱。第一次开家长会的时候，幼儿园老师就向男孩的妈妈反映了这一情况，并要求她回去好好管教自己的孩子。

男孩妈妈听了心里很不是滋味，但是当孩子问妈妈老师说了什么时，她依旧笑眯眯地告诉男孩："老师表扬你了，老师说以前你只能坐一分钟，现在能坐三分钟了！"

听了妈妈的话，男孩开心极了，吃过饭就早早地去了幼儿园，端端正正地坐在课桌前，认真地听老师讲课。那天之后，他再也没有让妈妈喂饭。

从这个小男孩的故事里，我们可以感受到鼓励和赞美的重要性。美国心理学家罗森塔尔在20世纪60年代做了一个实验。在实验过程中，他为一个学校的学生做了智力相关的测试。测试完成后，实验人员随机选择了20%的学生，然后告诉他们，在未来八个月，他们的智力水平会有大幅度的提升。八个月之后，罗森塔尔又回到了学校，对这批人又做了一次同样的测试，结果发现当时随机选取的这批学生中，有20%的学生的智力确实得到了明显的提升。

这个心理学实验给我们传递了这样一个信息：人真的需要鼓励，在鼓励和赞美的加持下，人的潜力会得到最大限度的发挥。在现实生活中，我们如果碰不到像男孩妈妈和罗森塔尔那般愿意给我们加油助力的人，那么就自己给自己鼓掌。哪怕一个小小的成就，也是自己付出全部的心力得来的，值得骄傲和自豪。

纽约街头，有个人到处推销自己的气球，有时气球卖得不好，他就会放掉一个。气球飘在空中时，会吸引周围人的目光，于是他的生意就又好了一些。有一次，一个黑人男孩走过来问他："叔叔，你放的气球有白色、红色、黄色、蓝色的，我在想，如果你放的是黑色气球的话，它还会不会上升呢？"

这个气球推销员低下头，微笑着说道：“孩子，不管什么颜色的气球都会上升，因为那是气球内部的东西促使它们不断向上的。”

是啊，我们每个人又何尝不像这气球一般？不管你是什么人，只要肯自己给自己加油、打气，那么同样都有上升的空间。你会不会进步，会不会像气球一样上升，决定权在你自己的手里，你有权决定自己的命运！如果你内在有足够的动力，那么即使别人不看好你，你依旧能一飞冲天，成为众人羡慕的对象；反之，如果你不愿意认可自己、肯定自己，那么即使外界期望再多，也是无济于事的。

美国管理学家劳伦斯·彼得曾经这样评论一些歌手：“为什么许多名噪一时的歌手最后以悲剧结束一生？究其原因，是他们在舞台上永远需要观众的掌声来肯定自己，而从来不曾听到过来自自己的掌声。所以他们一旦离开舞台，进入自己的生活，便会倍觉凄凉，觉得别人把自己抛弃了。”

任何时候，我们都需要自己肯定自己。只有那些懂得自我肯定的人才能迸发出超级力量，完成生命的蜕变。

从前，有个男孩很喜欢棒球，在生日那天，他获得了新的球棒。看着心爱之物摆在眼前，男孩的心里别提有多激动了，他兴奋地大喊：“我要做世界上最好的棒球手！”他充满自信地把球扔出去，然后高高举起球棒，可惜没有击中。他不服输，又尝试了一次，可还是没有击中，反而摔倒擦破了皮。

“我是世界上最好的棒球手。”失败的滋味并不好受，可男孩依旧在口中喃喃自语，不断地鼓励着自己。他鼓足勇气，重新站起来，又开始了第三次的尝试，这次表现得更差，但他并没有灰心，依旧在心里告诉自己：“我是世界上最好的棒球手。”多年后，这个努力又自信的男孩终于成功了，他真的成了棒球史上的超级明星。

人生是一场牌局，每个人都有手握烂牌的时候。我们要想逆风翻盘，收获成功的喜悦，就要学会钝感，把脆弱、敏感统统丢在一旁，还要学会自己给自己加油鼓劲，哪怕是一点小小的进步，都要给自己掌声。成功来之不易，只要你坚信自己的价值，并愿意为之努力，那么未来一定能够到达胜利的彼岸。

跳出完美主义的陷阱

完美主义者通常都有一颗敏感、脆弱的心，一点小风浪都能让他陷入情绪的旋涡，不能脱离。所以，改变自我，戒掉敏感，应该从克服完美主义开始。

很多时候，人们之所以敏感、脆弱，不断内耗，是因为陷入了完美主义的陷阱。

在这种心态的驱使下，人们给自己制定了很多不切实际的目标，并且对这些目标有不切实际的期待。另外，在执行的过程中，哪怕有一点细节出现问题，这些完美主义者都会保持零容忍的态度，自责和懊恼老半天。当然，他们不仅对自己严苛，对别人同样很严格和挑剔，当别人的行为不符合自己的预期时，他们会不留情面地加以说教和斥责。所以，面对一个完美主义者，人们不仅要忍受他多变的情绪，还要承受他的苛责带来的压力。

其实，对于追求完美主义的人而言，他之所以苛求完美，其实是希望以苛求自己的方式来得到别人的赞同。追求完美固然是一种积极的状态，但是它也会给人们带来一定的危害。

首先，完美主义者会承受很大的心理压力。我们知道这个世界上本来就不存在绝对完美的事情，如果我们凡事都要追求绝对完美的境界，那么一定会超出自己的能力范围。

超出能力范围的事情完成起来必定会很费力、很痛苦，即便你使出浑身力气，也未必能抵达那个理想中的世界。久而久之，你会陷入自我怀疑，精疲力竭，焦虑、失眠等也会随之而来。

其次，因为完美主义者对人对己都很挑剔、严苛，所以导致接触他的人都压力倍增。时间久了，人们会有意识地疏远他们，甚至与其产生激烈的冲突和对抗。从这个角度来看，完美主义者的人际关系也会出现一定的问题。

最后，完美主义者极其注重细节，他会花很多时间和精力去打磨细节，这就导致其工作效率受到严重的影响。此外，由于极端化的要求，他在工作中感受不到生活的乐趣和意义。

意识到完美主义的陷阱之后，我们就要想方设法去调整自己的心态，学会接受人生中的不完美。

一个武士在一家店里发现一张弓，那张弓的弦紧紧绷着，看起来十分完美。可当他询问老板关于这张弓的情况时，老板却把这张弓描述为残次品。对此，他深感意外，老板随即解释道："这张弓一直紧绷着，虽然看起来很有张力，但是它早已失去了韧性。"

这个故事寓意深远。对于完美主义者而言，他们又何尝不是这张时刻紧绷着的弓呢！虽然他们状态饱满，可是早已失去了韧性和后劲。

所以，我们在生活和工作中，不必时刻鞭策自己朝完美的方向前行，人毕竟不是机器，不可能时时刻刻保持完美。我们是在不断尝试、不断犯错的过程中成长和进步的。所以，遏制自己完美主义的念头很有必要。

另外，我们也要学会欣赏自己的成就。哪怕我们在完成任务的过程中出现一些疏忽，那也没有什么要紧的。不管它是一幅油画，还是一部小说，不管它是一个方案，还是一尊雕塑，都是我们倾尽心力完成的作品。我们费尽心思把它们创作出来，本身就是一件很值得庆祝的事情了！

我们只有跳出完美主义的陷阱，才能热情拥抱生命的遗憾；只有破除苛责和对完美的执着，才不会在一次次的追求中陷入敏感、焦虑和内耗。

修复敏感而脆弱的心

修复敏感而脆弱的心，从改变自己开始。我们只有练就一颗强大而坚韧的心脏，才会拥有克服脆弱的能力。

李军大学毕业后顺利进入一家大型企业工作。这家公司待遇优厚，在行业内声望很高，很多人都争着抢着来这里工作，李军却中途退出了。

至于辞职的理由，李军说太痛苦、太压抑了。原来，刚到公司时，李军因为对业务不熟练，报错了一组数据。那个时候正好公司的销售业绩不太好，经理成天愁眉苦脸，他一看李军做事如此不认真，就忍不住把李军痛批了一顿。

李军心里很不是滋味，他认为经理就是针对他，他对经理的芥蒂也就此产生。此后，他总是躲着经理，对于经理交给的任务也是应付了事；在会上，经理要他发表意见时，他也总是敷衍或者推脱。经理看他如此不上进，心里也不由得一阵失望，就此慢慢地疏远他了。

李军不仅工作上不求上进，和同事的关系也不是很好，始终融不进这个团队。敏感的他不敢主动和团队里的人打招呼，在大家畅所欲言的时候，他也不知道该说什么。有一次他好不容易鼓起勇气插了一句话，结果当时的环境太吵，大家谁也没有听见他说什么，所以没有人给他任何回应。这对于内向、敏感的李军来说，又是一个大打击。此后他形单影只、独来独往，不再愿意和别人说话。

经过一段时间的内心煎熬，他决定从这个环境当中解脱出来。在他看来，这里已经彻底不需要他了。

从上面这个故事可以看出，李军就是典型的敏感而又脆弱的人。面对复杂的职场，李军的心就像玻璃一样易碎。他经不起一点批评和指责，最后不得不离职。

敏感而脆弱的心不利于我们的成长和发展。它的存在会让我们对一些负面信息感到痛苦、困惑、无助。如果这种心态得不到改善，长期处于压抑的状态，就很容易走向情绪崩溃的边缘，甚至会患上抑郁症。另外，拥有敏感而脆弱的心的人，对他人的负面评价也很敏感，他们常常会因此而怨恨他人，最终导致他的人际关系非常紧张。

了解敏感而脆弱的心对一个人的成长与发展有巨大危害之后，接下来就应该想方设法让自己坚强起来。那么具体应该如何操作呢？以下是几点建议。

1. 不要毫无根据地猜想

一个心思敏感而脆弱的人，很容易陷入自己的各种猜想中。原本别人并没有恶意，但是他毫无根据地猜测，把自己放在了受害者的位置，最后越想越倾向于步入歧途，情绪也陷入低迷，理智的头脑无法开启，从而进入了一个恶性循环。

2. 经常进行自我反思

当别人对你有评价时，你应该对这些评价进行辨别，并反思自己是不是真的做错了什么，然后再思考一下，他们针对的是你这个人，还是针对这件事。不要盲目地认为，别人一提出批评，就是看不惯我们、不认可我们，这样的想法失之偏颇，也容易让我们走进思维的误区，从而产生更多的负面情绪。

3. 从多个角度看待问题

有时候，我们内心敏感是因为陷入了思维的误区，从而用狭隘的眼光看待问题。当你内心充满委屈和愤怒时，不妨站在他人的角度考虑一下问题，或者站在全局的角度看待问题，这个时候你也许会有一种豁然开朗的感觉，内心的烦恼和不快也会被一扫而空。

4. 放松心情

当我们聚焦于某一件让自己不愉快的事情的时候，总是会产生很多负面的情绪。这时不妨转移一下自己的注意力，听听歌、跑跑步，或者跟他人倾诉一下，以此来放松自己的心情，这样你内心的负面情绪就会得到缓解。

以上就是让自己坚强起来的几个方法。有人说，痛苦是因为你在乎，越在乎就越痛苦。只要你不在乎，它连你的一根毫毛也伤不了。在修复敏感而脆弱的心的过程当中，我们绝对不能把注意力集中在不愉快的事情上，更不能执着在负面情绪上，而是要有意识地把自己从中剥离出来，这样才能缓解内心的痛苦和焦虑。

第四章

优秀的人，从来不会输给情绪

成功不要有无谓的情绪。即使你抱怨再多，受到的委屈再多，当下要紧的一件事就是先把工作做好，把工作做好之后你再去发泄情绪、调整心情，这才是成熟的人该有的心态。

——［日］稻盛和夫

英国作家埃利亚斯·卡内蒂说过：“当你做好准备，为一切事物留有位置时，最壮阔和美丽的事物自然会一个接一个迎向你。”生活中的智者往往在困难来临之前，就备好了处置预案，这样可以给敏感和焦虑的情绪设置一个缓冲地带。

未雨绸缪，方可临危不乱

俗话说："未雨绸缪早当先，居安思危谋长远。"人生就像一局棋，我们只有懂得未雨绸缪，走一步想三步，才能抵御风险，防患于未然。当然，也只有这样，我们才能在困难来临之际云淡风轻，不过度敏感和焦虑。

很多人心理承受能力非常弱，遇到一点困难，就容易情绪崩溃，痛哭流涕。其实很大一部分原因是自己没有在困难来临之前做好准备。未雨绸缪，方可临危不乱。如果你在危机和困局到来之前做了十足的准备，那么就不会手忙脚乱、焦虑不安。

从前，两个人分别居住在相邻的两座山上。两座山中间有一口井，两个人每天都能在挑水的时候碰面，久而久之，他们就变成了无话不谈的好朋友。

日子过得飞快，一转眼两人认识已经五年了。突然有一天，左边这座山的人发现右边那座山的人已经好久不去井边取水了。他暗自思忖：这人是不是有事外出了，所以才不下来？

可是之后的一个星期，他依然没有看到对面的人来取水。左边这座山的人焦急地等待着，等了一个月，依旧不见好友的身影。

这时，他终于坐不住了，心想：我这老朋友该不是生病了吧！我得赶紧去看看他。这个人走了很长一段路，终于赶到了好友的门口，可他进去之后，眼前的一幕让他大吃一惊——那个久未露面的人竟然正在看书喝茶。

他忍不住凑上去问："这么久没见你去挑水，你平时怎么生活的呀？难道不吃不喝吗？"

只见右边那座山的人悠然自得地给他指了指旁边的一口水井，说道："我一直担心外边那口水井会干涸，或者道路无法通行，所以就想挖一口自己的水井。眼前的这口井就是我这五年来一点一点挖出来的，平时只要闲下来，我就抽时间去挖，慢慢地竟然真挖出水来了。这样我就不用再下山打水，可以空出更多的时间做自己喜欢的事了。"

在我们的生活中，有很多人跟左边那座山上的人一样，他们忙忙碌碌，辛苦操劳，却不会未雨绸缪，不知道防患于未然。等到狂风骤雨或者暴雪连天的时候，或许就会面临缺水的危机，这时再去寻找解决问题的办法，也就什么都来不及了。

稻盛和夫说过："我做事的原则就是，在晴天修屋顶，永远不等到雨天。不论市场如何变化，我都坚持在企业中储备一定的现金。有了雄厚的积累，遇到危机，我才有体力支撑下去，找到机会，转危为安。"

强者永远不会抱怨环境，也不会在遭遇挫折之后怨天尤人，感慨命运的不公，更不会自卑、敏感，从此一蹶不振，消沉度日。生活中的智者通常会未雨绸缪，在危机到来之前就做好各种准备，从根本上消除负面情绪的困扰。

工欲善其事，必先长其“智”

优秀的人从来都不会情绪失控。所以，敏感的人应该让自己变得优秀起来，不管是能力、智力，还是眼力，当自己变得优秀后，困难就会变得越来越少，敏感、脆弱也将远离。

人类之所以被称为社会化的动物，那是因为人类可以利用高度的智慧去追求诗和远方。智慧是灵魂的太阳，智慧是命运的征服者，不肯运用智慧的人是一个不明智的人，不能运用智慧的人是一个思想刻板的人，不会运用智慧的人是一个无法成功的人。

智慧人人都有，只是埋藏的深浅程度不同：埋得浅的人，他的智慧容易显现，容易流露；埋得深的人，就必须加以发掘，加以锻炼，才能显现出来。

从前，有个年轻人为了增长自己的智慧，不辞辛苦，四处访师求学。可是让他感到苦恼的是，随着知识量的增加，他的焦虑情绪却越来越严重，因为学海无涯，他越学越觉得自己渺小和无知。有一次，他偶遇了一位智者，便向其倾诉了自己的苦恼，并请求为他开解一二，以此求得内心的安稳。

智者耐心地听完了他的倾诉，沉思了一会儿，然后意味深长地问："你求学是为了求知识还是求智慧？"年轻人满脸疑惑，不解地问："这二者有什么区别吗？"智者听了，笑道："知识和智慧当然是两个完全不同的东西呀！求知识是求诸于外，当你向外在世界索取知识的时候，你会发现这些知识多到你根本学不完，它们不仅范围广，而且有深度，你会越学越累，最后会产生一种深深的自卑感和无力感。求智慧则不一样，求智慧是求诸于内，这是一个向内在世界探索的过程。在你强大内心的时候，一股内在的智慧会让你越来越成熟，越来越满足，这样你的烦恼就会越来越少。"

年轻人听完了还是似懂非懂，他睁着迷茫的双眼，继续问智者："您的话让我如坠云雾，您能讲得再通俗易懂一些吗？"智者就打了一个比喻："有两个人要上山去砍柴，一个天不亮就上山了，结果到山上才发现砍柴的刀忘记打磨了，于是他只能用钝刀吃力地砍着柴；另一个人则非常聪明，他刚开始并没有把注意力集中在砍柴上，而是先在家将刀磨快后再上山。现在你觉得哪个人砍柴的效率更高一些呢？”年轻人听后恍然大悟，对智者说：“我明白您的意思了，您说我就是那个只顾砍柴忘记磨刀的人吧！”

智者满意地点了点头。

许多人都像故事里的这个年轻人一样，只顾埋头工作，从来也不向内求，不肯思考，不愿提升自己的思维认知。在遇到挫折和困难的时候，这些人经常会因为缺乏内在的力量而敏感、脆弱，惶恐不安。

人生要读两本书，一本是“有字的书”，一本是“无字的书”。“有字的书”是古今中外的故事、案例，可以借鉴，但千万不要照搬。“无字的书”就是阅历、能力和见识，我们要懂得从中汲取精华，将其中的学问和现实生活结合，这才叫智慧。

智慧出于勤奋，知识在于积累。智慧越用越多，这是千真万确的真理。智慧不但越用越多，而且越用越明、越用越高、越用越深。

智慧是每个人本身具有的财富，用之则多，不用则少；用之则有，不用则无；用之则巧，不用则拙。

天才与聪明的人，就是善于使用智慧，而不使它荒废；

愚痴与笨拙的人，就是不好好利用智慧，而任它荒弃、埋没，与躯体同亡。

用体力赚钱，就勤快一点；用脑力赚钱，就机灵一点；用资源赚钱，就圆融一点。鲁斯金说：“上帝给我们每个人以充分的力量、充分的智慧，只要你肯运用，它就能为我们做一切事情。”所以智力普通的人，千万不要自卑自贱、自叹自怨。

《论语》中说：“工欲善其事，必先利其器。”我们化用此句为“工欲善其事，必先长其‘智’”。这里的“智”既包括专业知识，也包括眼界、格局，更包括为人处世的能力。只有提升自己的“智”，未来才能在诸多的竞争中坚定心志，不惧困难，勇往直前。

敢于冲破传统思维的窠臼

人的命运往往为其思维模式所左右。我们既要敢于突破传统的思维模式，也要善于挖掘自己的内在潜能，只有这样才能更好地克服困难，也只有这样才能有效缓解自己焦虑、敏感的情绪。

在课堂上，老师为了启发学生，给大家讲了一个寓意深远的故事。

一个聋哑人想要买钉子，到了五金店之后，因为他没有语言表达的能力，所以只能用手不停地比画。起初，售货员没有理解他的意思，给他拿了一把锤子，聋哑人摇了摇头，又用手比画了几下，售货员才明白了他的意思，给他拿来他想要的钉子。

之后，五金店又走进来一位双目失明的客人，这次他的购买诉求是一把剪刀。这时，老师问学生："这个盲人应该怎么做才能买到他想要的东西？”老师话音刚落，底下就有人抢着回答：“盲人只要伸出食指和中指模仿剪刀的样子就可以了。”其他同学听了，纷纷点头称是。老师却不以为然。同学们实在想不出有哪些更简单的方法了，只能一脸疑惑地看着老师。“其实，盲人又不是不会说话，只需要开口告诉售货员自己要什么就可以了。”老师提高嗓门说。

同学们茅塞顿开。

老师语重心长地说：“记住，一个人一旦进入思维的死角，智力就会降至常识之下。”

在日常生活中，我们总是被各种问题困扰，不知不觉间就走进了死胡同，无法获知解决问题的办法，有时就算想破头也走不出困局。

这个时候，就需要大家冲破传统思维的窠臼，走出思维的死角，为自己打开新的局面。

一家大型公司面向全国高薪诚聘一名业务经理。因为给出的薪水丰厚，所以前来应聘的人不在少数。小枫也是这次参加应聘的人员之一，为了能够顺利入选，小枫格外注重自己的外在形象。

面试这天，她准备了一套非常职业且凸显气质的西装，她事先还就如何娴熟地回答面试官的各种问题做了很多功课。可是一番初试和复试之后，条件不错的她却落选了！

“我为了这次面试准备了那么久，面试时也是对答如流，他们为什么没有选我呢？”小枫不甘心地想了很久。

小枫又一次联系了那家公司，从公司人员的口中得知了自己落选的原因。原来，公司领导认为大部分的求职者都准备得十分充分，但是他们的准备都太过于传统，且浮于表面。他们不是注重自己的着装打扮，就是把简历弄得很精致，要不就是用统一而标准的面试话术应付面试官。只有一个人另辟蹊径，对公司产品的市场情况及别家公司同类产品的情况做了深入的调查与分析，并提交了一份市场调查报告。所以公司选择了这位跳出传统思维、注重市场调查的应聘者。

小枫听完公司人员的话后，才平息了悲伤又愤懑的心情，并且意识到了自己的问题。

很多时候，我们就像故事中的小枫一样，尽管为某件事做了很大的努力，但是因为想法太过于传统，或者思维比较局限化，所以想问题比较简单，很容易流于表面。这时，我们就很容易遭受失败的打击，从而意志消沉、情绪低落。我们要想摆脱这样的困扰，就应该像故事里的那个成功的求职者一样，敢于冲破传统思维的桎梏，寻求解决问题的新办法，这样成功的概率才更大。

学会在危机中寻找转机

美丽的瀑布在悬崖峭壁前成就自己生命的壮观。人生又何尝不是如此呢？在危机中奋勇翻腾，就会碰撞出不一样的生命火花，寻找到新的人生转机。

哈兰·山德士是肯德基炸鸡的创始人。5 岁时随着父亲的去世，山德士曲折的一生开始了。为了照顾年幼的弟弟，补贴家庭支出，山德士开始当起农民，进入田间劳动。山德士性格坚毅，是个不实现自己的愿望绝不罢休的人。这种性格，成了他与别人争吵的原因，他为此不得不多次变换工作。

山德士讨厌被别人使来唤去，开始自己经营一家汽车加油站，但不久受经济危机的影响，加油站倒闭了。第二年，他又重新开了一家带有餐馆的汽车加油站，因为服务周到且饭菜可口，生意十分兴隆。但是，一场无情的大火把他的餐馆烧了，令他多年的心血毁于一旦。

山德士几乎放弃再次经营餐馆的设想，最终还是振奋起精神，建立了一个比以前规模更大的餐馆，餐馆生意再次兴隆起来。可是，厄运又找上门来。因为附近另外一条新的交通要道建成通车，山德士加油站前的那条道路因而变成背街背巷的道路，前来就餐的顾客也因此剧减。

山德士无奈放弃了餐馆的经营。不过，他没有缅怀已经失去的东西，而是珍视仍旧存在的东西。他想到手边还保留着极为珍贵的一份专利——制作炸鸡的秘方。迫于眼前的生活危机，他决定卖掉它。

为了卖掉炸鸡秘方，山德士开始走访美国国内的快餐馆。他教授给各家餐馆制作炸鸡的秘诀——调味酱。每售出一份炸鸡，山德士能获得 5 美分。5 年之后，出售这种炸鸡的餐馆遍及美国及加拿大，共计 400 家。

为了让自己的事业传承下去，山德士将肯德基的特许经营出售给了两位年轻人。此后，肯德基事业不断转手、变化，但特许经营的方式一直没有改变。现在，肯德基是世界最大的炸鸡快餐连锁企业，在世界各地拥有超过 15000 家的餐厅，以山德士形象设计的肯德基标志，已成为世界上最出色、最易识别的品牌之一。

我们从山德士的生存方式中能够学到许多东西。因为商店前的繁华街道突然间变为背街，迫使他不得不卖掉自己苦心经营的餐馆。如果不曾有发生这样的危机，山德士的人生能够达到后来的辉煌吗？

人生不可能一帆风顺，而是处处充满困难和挑战。只要我们坚守自己的责任，把命运偶尔的折磨当作人生的考验，即便身体经受着苦楚，依旧对明天充满着希望的人，就会创造生命的转机。

孟子说："天将降大任于斯人也，必先苦其心志，劳其筋骨，饿其体肤，空乏其身，行拂乱其所为，所以动心忍性，曾益其所不能。"

当命运想要对你委以重任时，首先降临苦难去考验你，如果你能在苦难的热浪袭来时，经得起考验，有自己的应变能力，能够与之进行不懈的抗争，就有希望看见成功女神高擎着的橄榄枝。

陈红失业后并没有一味沉溺在悲伤的情绪中，在接受了失业这个事实后，决定另谋出路。

经过深入研究，陈红觉得毛线编织的生意有不错的发展。她多方筹集资金，购置毛线编织机，并报名参加了编织技术培训班。经过一个月的努力学习，她就完全掌握了编织技术。技术和设备都有了，陈红开了一家毛线编织加工店，很快就生产出第一批产品。因为她生产出来的编织品样式多、规格全，且价格也不贵，所以很受大家的欢迎，这家小小的编织店也迎来了大量的订单，陈红也因此赚了不少钱。

她的小店生意红火，盈利可观，引得很多人纷纷投入这个行业，一时间，众多编织店涌现。

随着竞争对手的增多，陈红的盈利空间也受到挤压，眼看这个挣钱的门路越走越窄，陈红主动放弃了编织市场，另谋出路。

之后，她到全国各地的市场考察，深入调研，最后发现涂料行业有很大的发展前景，于是办起了当地第一家涂料厂，高薪聘请技术人员，开发出了填补国家空白的产品。她的这次投资又获得了巨大的成功，她的事业因此也登上了一个新的台阶。

人生路上，荆棘丛生。在危机到来之时，我们不应该一味地抱怨生活的不易，更不应该悲春伤秋，让情绪夺走我们的意志和快乐，而应该像故事中的陈红那般，学会改变自己，勇敢接受人生的挑战，积极寻求新的出路，这样才可能逆风翻盘，从危机中找到转机。

养精蓄锐，要耐得住性子

无论你怎么渴望春天的到来，不到时机樱花绝不可能盛开；无论你怎样渴求人生的成功，在时机尚未成熟的时候，成功不会向你奔跑而来。在平凡的日子里，我们要耐住性子，这样才能撑起日子。

有一个名叫尤尔加的年轻人，原本是一个铅管匠，因为生活起点低，资金匮乏，所以努力了很多年，他的事业都没有大的起色。为寻求新的人生转机，他搬到另一座城市。

刚来到一座新的城市，尤尔加的日子过得分外艰难。那个时候，他拖家带口，需要养活妻子和3个孩子，可他身上只有120元，那是他全部的家当。为了能够更好地生存下去，搬来后的第一天，尤尔加就出去找工作了，可连续面试了8家铅管公司，都没有成功，原因是那些公司不缺人。

到了第二天，尤尔加又早早坐上公交车，开启了艰难的求职之路。在公交车上，尤尔加透过车窗玻璃，看见几家餐馆的窗口上张贴着招聘广告，他急忙将这些信息记录下来，随后又坐上返程的车，一家一家地去面试。可接连去了 4 家餐馆，他都没有找到合适的工作。

到了第五家的时候，那个经理好不容易有了录取尤尔加的意向。为了争取到这份工作，尤尔加再三向经理保证，自己工作勤奋，而且做人诚实。经理告诉他，这里的工资并不高，但他告诉经理自己并不介意，他会为顾客提供一流的服务，最后他成功留在了这里。

因为尤尔加特别珍视这份来之不易的工作，所以干活非常卖力。当然，因为他表现出色，短短 6 个星期后，他就被提拔成了那家餐馆的营业部经理。在这段时间里，尤尔加结识了不少顾客，他特别重视那些顾客的需求。为此，他想方设法地提高自家餐馆的服务质量。在他的领导下，餐馆取得了很好的经济效益。

9 个月后，这家餐馆的老板把尤尔加叫到了办公室，竟然派他去一座有 90 户租客的办公大厦当助理经理。尤尔加吃惊地看着老板，并表示自己只当过铅管匠，对管理大厦一无所知，但老板笑着对他说："你的工作能力，我很了解，自从你接管餐馆以来，利润增加了 83 %。这证明你很出色，完全可以胜任这份工作。其实管理大厦与管理餐馆都差不多——乐于助人、推行计划和委派。我想你凭借出色的能力和敬业的精神一定能把大厦的生意做得红红火火。"

最后，尤尔加接受了那份工作。职位的提升让他的工资翻了 3 倍，还获得了一间漂亮的公寓。2 年后，尤尔加坐上了高级经理的位置。经过多年的打拼，尤尔加攒了足够多的钱。有了物质支撑，他如愿以偿地创办了一家大规模的铅管企业，他的事业也迎来了新的转折点。

人生总是起起落落，有顺境亦有低谷，有欢喜也有失落。故事里的尤尔加亦是如此。

起初，尤尔加的人生完全处在低谷，尤其是举家搬迁到一个新的地方时，如何生存下去成了摆在他面前的一道难题。不过，身处逆境，尤尔加并没有郁郁寡欢、意志消沉，而是千方百计地寻找机会，就算一下子实现不了自己的梦想，他也并没有着急，而是养精蓄锐，积蓄能量，静候危机考验。等到危机一过，尤尔加就用人生寒冬时积蓄的力量重新开启新的征程，这样的勇气、这样的耐力值得每一个人学习借鉴。

宫崎骏年轻的时候，是一家动画公司最底层的员工。那个时候，大家都在效仿迪士尼风，只有他选择不被看好的手绘制图，但手绘制图并不好做，3 秒钟的镜头要画一周之久。领导不看好他的选择，也不重用他。那个时候的他，领着微薄的薪水，在冷冷清清的工作室埋头作画。

在坚持了 20 年后，他精心创作的画作终于被搬上了银幕，可是观众并不买他的账。最后，影片无人问津，影院空空荡荡，电影票房惨淡。

可他不甘心，背着厚厚的画稿到处找动画公司推销自己，都以失败告终。在逼仄的画室里，他抱着画稿难过了一夜，但第二天仍照常作画。

后来，他又创作了《风之谷》，这次却意外在电影院爆火，宫崎骏也由籍籍无名的画手成了一代大师。

人总要耐得住性子，不能太敏感、脆弱。我们只有在暗夜里蛰伏，用时间积蓄实力，才会在机会来临时有成功的动力。换句话说，成功不比谁快，它看的是你能否心无旁骛地久久为功、孜孜以求。

第五章

情绪断舍离，清零负能量

生活要断舍离，人生也要断舍离，对于不好的记忆、情绪，甚至是人，不要堆积也不要紧抓不放，要学会说再见。

——朱德庸

认知影响选择，选择改变命运。敏感人群只有改变固有观念，提升自我认知，才能从根本上“脱敏”。当然也只有改变认知，才能摆脱负面情绪的侵蚀，从而让自身散发出正能量。

不要斤斤计较

宽大的肚量、广阔的胸怀能装得下惊涛骇浪，能走得过风云变幻。做个有肚量的人，这样你才能拿得起、放得下，能和敏感内耗的自己彻底告别。

从前，有个人被自己最要好的朋友背叛了，对此，他心痛至极，久久无法释怀。为了求得内心的安慰，他不得不去请教一位智者。

智者拿了一把斧子，猛地把它抛向天空。但只一瞬间斧子就落到了地上。

智者问他："你觉得斧头劈向天空，天空会感受到疼吗？"

那人说："天那么高，斧子都触碰不到它，它怎么会喊疼呢？"

智者说："是啊，天空高远而辽阔，即使斧子再怎么锋利，扔得再怎么高，也碰不到天空的皮毛！如果一个人的胸怀和肚量也如天空那样宽广，无论谁都伤害不到他分毫。”

那人抬头看了看天空，它是那般湛蓝、广阔，他心里的疙瘩顿时被解开了。

每一个人都难免会遇到一些人或一些事，如果我们没有胸怀和肚量，那么烦恼就会如影随形，生活也会过得特别不容易。反之，如果我们能看开些，不将不好的人、不好的事放在心上，那么人生会迎来一个更为广阔的天地。

泰山不让土壤，故能成其大；河海不择细流，故能就其深。为人不必过于刻薄，得宽怀处且宽怀，何愁双眉抻不开。

孔子说：“君子坦荡荡，小人长戚戚。”坦，即平；荡，即宽。平坦宽荡，心宽体胖，才能寝食无忧。“与人交而无怨”，是我们做人应有的肚量。

宽容，不仅是一种社交的艺术，更是一种做人的肚量和格局。中国人自古以宽容为美德，故有“将军额上可跑马，宰相肚里能撑船”的说法。这句话可以用一则故事来做其注脚：

一天，东晋丞相王导头枕将军周颚的大腿睡觉。王导指着周颚的肚子说：“你肚子里装了什么东西？”周颉说：“我肚子里什么都没有，却容得下像丞相这样的人几百个。”听了这句话，王导并不认为周颉在侮辱他。

法国作家雨果说：“世界上最宽阔的是海洋，比海洋更宽阔的是天空，比天空更宽阔的是胸怀。”以肚量襟怀赞叹人的气度，中外皆是如此。

明代朱衮在《观微子》中说过：“君子忍人所不能忍，容人所不能容，处人所不能处。”

在事业上建功立业、取得成就的，绝非那些胸襟狭窄、小肚鸡肠、谨小慎微之人，而是那些襟怀坦荡、宽宏大量、豁达大度者。

宋代有个以度量宽厚闻名的宰相王旦。王旦十分爱清洁。有一次，家人烹调的羹汤中有不干净的东西，王旦并没有指责，只吃饭，不喝汤。家人奇怪地问他为什么不喝汤，他说，今天只喜欢吃饭，不想喝汤。还有一次，饭里有不干净的东西，王旦也只是放下筷子说，今天不想吃饭，叫家人另外准备稀饭。

如果说忍耐多少掺杂了无可奈何的作料，那么宽容则是发自内心的襟怀坦荡。人的成熟表现在性情上的温厚平和，岁月的烘烤不知不觉地蒸发了心灵中多余的水分，使平静的内心不至于发生改变，而外面投来的石子也难以激起太大的水花和波纹。

宽容别人也就是宽容自己，不苛求别人也就是不苛求自己。在情感的润滑剂日渐减少的情况下，人与人之间的正常联络只有通过宽容的方便之门才会更加长久。

不要为打翻的牛奶而哭泣

泰戈尔说："如果你因为失去了太阳而流泪，那么你也将失去群星。"过去已无可挽回，与其懊恼、悔恨，不如活在当下，这样才能斩断对过去的忧愁和对未来的恐惧，你的心态才能真正回归自由。

戴尔·卡耐基在创业之初，曾开办过一个成人教育班，那时他没有管理和经营的经验，导致投入了很多广告宣传的费用依旧不见成效。虽然那个时候，人们对于成人教育班的反响不错，但是戴尔·卡耐基没有获得大量的经济效益。尽管忙忙碌碌的生活持续了好几个月，但只是勉强维持收支平衡。

房租和日常开销压得他喘不过气来，他整日郁郁寡欢、抱怨连天。后来，他到中学老师乔治·约翰逊那里寻求心理安慰，乔治·约翰逊语重心长地对他说了一句话："不要为打翻的牛奶而哭泣。"一句话让他醍醐灌顶，他一下子就想起了中学课堂上一件难以忘怀的事情。

那是一堂生理卫生课，保罗·布兰德威尔博士把一瓶牛奶放在桌子上，全班人的眼睛都盯着这杯牛奶。突然这位博士站起来，一巴掌把牛奶打翻在了水槽里，众人顿时惊讶不已。博士把大家都叫到水槽边，郑重其事地说道："大家好好看看这瓶被打翻的牛奶。这瓶牛奶已经全部漏掉了，无论你怎么后悔，怎么抱怨，怎么着急，都不可能挽回一滴。所以在做事情之前一定要有忧患意识，防患于未然，这样这瓶牛奶就可以保住了。但是现在说什么都迟了，我们能做的就是把它忘掉，然后把注意力集中到下一件事情上。最后，请大家永远记住这一堂课。"

想到这里，戴尔·卡耐基的苦恼一下子消失得无影无踪，他迅速调整精神状态，重新为公司制定新的经营策略，后来获得了成功。

我们的生命里时时处处都充满着遗憾，不小心搞砸了一个项目、做了一次错误的投资、选择了错误的专业、和一个糟糕的人结了一次婚……这些失败的经历让我们懊恼、悔恨、恐惧，就算时间过去很久，我们也可能依旧走不出这件事带来的心理阴影。

其实，做错一件事、走过一段弯路，是一件很正常的事情。人生这条路，大家都是新手，谁都是在摸索中前行，所以即便是做错，也不要自责，更不要沉溺在悲伤、敏感的情绪中难以自拔。要知道，错了就是错了，就算你再捶胸顿足，懊悔不已，也于事无补；要知道，昨日的阳光再美，也移不到今日的画册上。时光一去不复返，过去的就过去了，再也回不来了。我们要做的就是把握现在的时光，从过去的错误中吸取教训，在以后的生活中不要重蹈覆辙，这样才能活得更轻松自在一些。

相传，有一位老师父养了一盆兰花，对其喜爱至极，每日悉心照料，兰花也开得让人赏心悦目。有一次，他外出会友，于是把照顾兰花的任务交给了自己的徒弟。

徒弟给兰花浇完水，就随手把它放在了窗台上，之后外出办事去了。谁料天气突然由晴转阴，没过多久，暴雨倾泻而下。徒弟见状赶紧往回赶，可回来之后，什么都晚了，兰花在暴风雨的摧残下残破不堪，早已失去了往日的生机和活力。

徒弟心怀愧疚，静静地等着师父的责罚，可

师父微微一笑，什么都没有说。徒弟疑惑地问师父：“那可是您最心爱的兰花呀，您怎么一点都不生气？”

师父淡然一笑，随即说道：“我养兰花，可不是为了生气的。如果它被风雨吹打坏了，我就要愤怒地埋怨，那岂不是失去了养兰花的乐趣？”

徒弟听后顿时如醍醐灌顶，对师父的敬佩又多了几分。

兰花经过疾风骤雨的摧残，早已残破不堪，就算再计较，又有什么意义呢？正所谓覆水难收，往事难追，后悔无益。大家都应像这位师父一样，胸怀广阔，不要为打翻的牛奶哭泣，不要把大好的时光浪费在对过去的悔恨之中，而要好好地把握当下。

得即是失，失即是得

人的一生难免有得失，得亦是失，失亦是得。我们只有看淡得失，才能让自己坦然面对生活中的坎坷，不在坎坷中顾影自怜。

在生活中，我们总是内心有太多的不满足，一味地想要获取更多，于是为了那一点点“得”，搞得自己焦躁不安、心力交瘁，失去了本来该有的快乐和自在。所以，从这个角度来说，得即是失，失即是得。如果我们无法把握好自己的心态，那么越担心失去，就越容易失去。

从前，一个男孩走在街上，不小心丢了 10 元钱。男孩心疼得哇哇大哭，这时一个行人路过，他问清缘由之后，从自己的口袋里掏出 10 元钱递给男孩。可男孩接过钱之后，哭得更大声了。

行人不解地问道：“我不是给你 10 元钱了吗，你怎么还是那么难过？”

男孩哽咽着说道:“如果我没有丢失那10元钱,那我现在就有20元了。”

这个男孩就像生活中的很多人一样,总是想着自己能得到的,一旦不能如愿,就郁郁寡欢,心情久久不能平复。殊不知,一个人在计较得失的过程中,已经损失了很多舒心、惬意的时光,换来的是更多不甘和烦躁的负面情绪。所以,一个明智的人总会看淡得失,让自己不被这些世俗之事扰乱心智。

一天,一个画家正在惬意地睡午觉,突然他的代理人告诉了他一个天大的好消息:“你的两幅画被人相中了,以一个很高的价格卖了出去!”顿时,他激动得无以言表,久久无法平静下来。

之后,他不仅银行卡里的数字长了,名气也比原来大了很多。出名之后,他每天出入各种沙龙、晚宴,忙得脚不沾地。长久以来养成的午睡习惯早已被打破,而且晚上也经常失眠,他的身体也渐渐出现了一些问题。

他开始怀念出名前那段无忧无虑、轻松自在的生活。于是,他慢慢地推掉了一些活动,也谢绝了部分访客,以此保证自己有足够的休息时间。渐渐地，他在名利和淡泊之间寻找到了一个平衡点，日子这才过得如意顺心起来。

我们要把“得”看得淡一点，得到名声未必就是一件百分百值得开心的事，失去也未必有大的损失。得到和失去，其实是一种相对的关系，我们只有改变自己的认知，放平心态，才能不被敏感的情绪所干扰，从而轻松自在地生活。

苦难是人生的阶梯

苦难是人生的阶梯。我们只有跨过这个阶梯，人生才能上升到一个新的高度。所以，不要害怕痛苦和磨难，也不要拒绝痛苦带来的锤炼，你只有坦然、勇敢地接受它，才不会徒增很多敏感情绪。

有人说，苦难是人生的必修课，也是生命给予我们最好的礼物。人生并无坦途，在一路向前的过程中，总有各种各样的苦难等着你。

这一切都是生活的常态。虽然，我们不喜欢苦难，也很讨厌它的到来，但它总是会在不经意间悄悄降临到我们身边。

一位拾荒老人辛辛苦苦捡了很久的酒瓶，一转眼就被人偷走了，不知所措的他急得站在原地号啕大哭。他哭的可能不仅仅是被偷走的瓶子，还有生活对他的种种考验和命运的不公。

外卖员冒着暴雨在深深的积水中送餐，即使路况不好，他依旧不敢放慢脚步，因为他怕订单超时而招来罚款。

一个摊主为了保住摊位，不顾倾盆暴雨，紧紧地抓着太阳伞的伞柄，哪怕大雨打湿了全身的衣服。

生活中有太多的不容易，如果天天伤春悲秋、敏感落泪，那么我们的生命里便没有值得期待的东西了。

有这样一句话："苦难是一门必修课，强者视它为垫脚石和财富，他们的成绩是优秀的；弱者视苦难为绊脚石和万丈深渊，被它压垮，他们的成绩是不及格的。"苦难是人生的阶梯，如果我们意志坚强，能够克服种种困难，最终便能通过这个阶梯攀上巅峰。

松下幸之助小时候非常不幸。9岁那年，因为生活所迫，他不得不远赴大阪讨生活。临行之前，母亲依依不舍地在车站送别他。她害怕自己的孩子在外面吃苦受罪，于是尽最大可能地拜托同行人多多关照儿子。松下幸之助永远也忘不了母亲掩面哭泣、恋恋不舍的模样。

不久，松下幸之助到达目的地。在这里，他当起了船场火盆店的学徒，从此开始了孤独而艰苦的谋生之路。小小年纪的他每天晚上想起自己的家人，都会躲在被子里偷偷哭泣。有一次，店主叫住他，递给他一枚钱币，说是薪水。他十分吃惊，因为他从来没有见过这么一大笔钱，这一枚小小的钱币对穷人家的孩子来说就是一笔巨额财富。他的心里充满了对未来的期待。

靠着内心的欲望和对未来的期许，他变得更加坚强。他不辞辛苦地打杂、磨火盆。有一次，他的手被磨得渗出血迹，疼得连水桶都提不起来了，但他没有丝毫的怨言。渐渐地，松下幸之助掌握了自己的命运，他一步一个脚印，从一个穷小子慢慢蜕变成了人人敬仰的成功者。

当苦难不期而至时，我们不要敌视它，不要在苦难的折磨下以泪洗面、忧愁苦闷，更不要丧失对生活的信心，要视苦难为人生的阶梯，这样我们才有高昂的斗志向苦难宣战。

我们只有保持这样的心态，人生才不会被脆弱和敏感绑架，一辈子碌碌无为。当你借助苦难，登上一级新的人生台阶时，就能获得相应的回报，捧起金灿灿的奖杯，真切地感受到苦难的价值以及生活的甘甜、人生的意义。

永远不要活在他人的评价里

每个人都无法回避他人对自己的评价，既然我们无法回避，那就坦然接受，不要太过在意。幸福的人生不是活给别人看的，好坏都是自己说了算。成熟的人从不轻易评价别人，也不会活在别人的评价里。

俗话说："谁人背后无人说，哪个人前不说人。"生活在一个非常复杂的社会环境下，有时我们的言行难免会被人非议。这个时候，我们是否能坚守自己的内心，不受影响？

索尼亚·斯米茨是美国著名女演员。她小的时候在加拿大渥太华郊外的一个奶牛场里生活过一段时间。

当时，她在农场附近的一所小学里读书。有一天，她眼泪汪汪地跑回家，父亲看她这么难过，急忙追问原因。她说："班里有人笑话我长得不好看，还说我跑步的姿势很丑。”

父亲听后，对女儿说：“我跳起来，能触碰到咱家天花板。”

正在哭泣的索尼亚听后，觉得很不可思议，反问道：“您说什么？”

父亲又重复了一遍刚才的话。

索尼亚忍不住质疑父亲：“天花板那么高，您确定能摸得到它吗？”

父亲说：“不可能，对吧？不是所有的话都是真的，你也别信同学的话。”

索尼亚豁然开朗，凡事不能太在乎别人的看法。后来她成了非常出名的演员。有一次，她要去参加一个集会，但由于天气原因，经纪人建议她应该把时间和精力花在一些大型的活动上，这样有助于提升她的名气。

索尼亚却认为自己应该履行承诺，而不是为了名气就让参加活动的人失望。

环顾周围，我们不难发现，很多人都像索尼亚那般遭受过别人的嘲讽、打击，从而变得敏感、自卑，以后做任何事情都变得小心翼翼，生怕再次令他人不满。如果身边没有像索尼亚父亲那般有智慧的人引导，那么这类人以后很难变得自信。

面对他人的评价，大多数的时候都不需要太在意，因为我们要想使每个人都对自己满意，绝无可能。如果有大部分的人认可我们的所言所行，就已经是一件很难得的事情了。因此，我们大可不必因他人的评价而质疑自己，更没必要因此而不安，或者为了赢得他人的赞许而刻意委屈自己。我们只要认识到这一点，就可以摆脱情绪低落的困扰，变得不那么敏感。

我们在稳定情绪的同时，要意识到：别人对你的某种观点或某种情感的评价并不代表对你整个人的否定，或许他们就事论事，只是发表自己的观点和意见，并没有针对你的意思，所以没必要太敏感。如果你坚信自己是正确的，那就不要因为别人的看法而改变自己的决定，你才是自己人生的主导者，没有必要为了迎合别人而委曲求全。

某公司的总经理召开了一次重要的会议。会上，就总经理提出的一个收购案展开讨论，六个副总经理和顾问都对此方案持有不同意见，甚至有人和总经理激烈地争论起来。总经理在仔细了解了他们的想法之后，仍感到自己是正确的。在最后决策的时候，总经理遭到了所有人的一致反对，但总经理仍不为所动，他说：“虽然只有我一个人赞成，但我仍然认为我的想法是对的，后续的收购我会按照这个方案进行。”

从表面上看，总经理不顾众人的反对，有些独断专行。其实，他已经仔细地了解了其他六个人的看法并经过深思熟虑，他站在全局考虑问题，所以提出的方案更为合理。其他六个人持反对意见只是一种条件反射，他们中有的人为反对而反对，有的人甚至是人云亦云。所以，有的时候力排众议，坚持己见，也是一个很明智的选择。

但丁说：“走自己的路，让别人说去吧！”心理学家对此有科学的解释，他们认为，大多数情绪敏感、不能适应环境的人，都是因为没有自知之明。他们自恨福浅，又要处处和别人相比，总是幻想如果能有别人的机缘，便将如何如何。只要对自己有一个客观的认知，就能摆脱负面情绪的困扰，激发出自己无限的潜能。可以说，那些人人艳羡的成功人士之所以能做出耀眼的成绩，正是因为他们能够超越大多数人的标准，不让自己活在他人的评价里。

迈克尔在从商之前是一个酒店服务生，他每天的任务就是替顾客搬行李、擦汽车。不过，年轻的迈克尔并没有像他的同事们那样安于现状。

有一次，酒店门口开来了一辆轿车，车主吩咐迈克尔将车擦干净。当时的迈克尔还是一个认知很低、眼界很窄的年轻人，他从来没有看到过这么漂亮的汽车，所以车子擦洗干净之后，他还是忍不住打开车门，坐了进去。谁知他的屁股还没坐稳，酒店的领班就走了过来，领班一看到迈克尔如此，连忙大声呵斥道："你疯了吗？这是你能坐的吗？"

迈克尔虽然认识到了自己的错误，可是他感觉到自己的人格受到了侮辱，于是就在心里默默发誓：我这一辈子不仅要坐上汽车，而且要拥有自己的汽车！

在强大信念的引领下，迈克尔并没有被别人的评价所束缚，而是奋发图强，一步步朝着目标前进。最后，他的事业取得了很大的成就，当然他也拥有了自己的汽车。

现实中，每个人都有自己的家庭背景和个性特质，而且许多都是天生的，根本改变不了，如五官、性别、身高、才华、年龄、智商等。但是周围的人只是用从世人那里了解到的标准来评价你，一旦你被他人的评价束缚就会阻碍你成功的脚步。

不友好的评价可能随时都会降临到你的身上，然而，他们的评价不能判定你的现在，更不可能预测你的未来，因为只有你才是自己未来的掌舵者，你到底行不行，也只有你自己说了算。就像故事里的迈克尔一样，他没有受别人负面评价的影响，最终靠自己的努力逆风翻盘。所以，我们绝不能因为他人的评价而产生自卑的心理。

爱因斯坦小时曾不被老师看好，说他“反应迟钝，不合群，满脑袋不切实际的幻想”。在老师的这种评价下，他还曾被学校劝退。

牛顿小学时的成绩也很不理想，曾被老师和同学称为“呆子”。

雕塑家罗丹的父亲曾抱怨自己生了个傻儿子，罗丹连续考了三次都没有进入艺术院校。在大家看来，罗丹肯定是个没有前途的学生。

列夫·托尔斯泰读大学时，也因为糟糕的成绩辍了学。老师曾经评价他：“既没读书的头脑，又缺乏学习的兴趣。”

此类事例举不胜举。

这些在各个领域做出突出贡献的人，如果当初被别人的评价所左右，变得敏感、自卑，内耗不断，他们又怎么能取得举世瞩目的成就呢？

一个人来这世上一趟，不是为了迎合和讨好别人，更不是为了委屈自己。不要活在别人的评价里，做最真实的自己，不要讨好任何人，别人觉得你好或者不好毫无意义，你自己觉得快乐才最重要。

不要为明天的事烦恼

哈里伯顿曾说：“怀着忧愁上床，就是背负着包袱睡觉。”永远不要为明天的事烦恼，你要永远相信“车到山前必有路”，即使是困难再大，也总有解决的办法。

从前，有一个徒弟每天负责打扫院子里的落叶。

每个深秋的早晨，都是小徒弟最痛苦的时候，清理满地落叶实在是个苦差事。

所以，小徒弟就想出了一个方法，先用力把树上的叶子摇晃下来，然后扫走，这样第二天就不会有那么多的落叶了。谁承想，第二天去院中查看时，落叶依旧铺满了小院。

小徒弟因此恼恨不已。师父见状，意味深长地对小徒弟说：“今天有今天的落叶，明天有明天的落叶，无论你今天怎么努力、怎么担忧，依旧解决不了明天的烦恼，明天的落叶还是会飘下来的。”

生活中的我们也和故事中的小徒弟一样，时常为了还没有发生的事焦虑不已。明明事情还没有开始做，就担心无法承担失败的后果；策划了很久的方案还没有开始执行，心里就忐忑不安，生怕出现一丁点错误。

人总是这样，时常被还没发生的事情困扰。困难还未到来之际，就心绪不宁、焦虑不已，这样就无法享受当下的快乐，从而为自己增加很多不必要的烦恼。所以，不被负面情绪困扰的人通常不会为明天的事烦恼，也不会那么敏感、脆弱，而是能将更多的精力放在成功上。

戴尔·卡耐基说：“我们大多数人不是为昨天懊恼，就是为明天担忧，偏偏不肯好好把握今天。”或许你总是为未知的明天担忧，而明天令你担忧的事情可能并不会发生。

有人做过这样一个实验：实验人员让 20 个人把自己一周内担忧的事写在一张纸上，等到下一周时，看这些担忧的事情是否会发生。

结果，等到下一周他们打开纸条时，这 20 个人都惊呆了。纸上所写的担忧，其中有 90% 根本就没有发生，此前自己的无端困扰纯属多虑了。

其实很多时候，我们都是遵循那 90% 的“不发生定律”：你常常忧虑过度，其实你担心的事情往往不会发生；

而有些你想都不敢想的好事，反而实实在在地降临到你的头上了！

就像英国作家马特·海格说的那样：“如果想征服生命中的焦虑，就活在当下，活在每一个呼吸里。”

当你不再守着明天的乌云哀叹时，你会发现自己的敏感情绪也被一扫而空，那被乌云遮蔽的痛苦也就不复存在了。

换位思考，对困局产生心理免疫

当你面对生活中的不如意时，别消极，尝试换一个角度看待问题，这样就能以一颗平常心看待人和事，就能跨越得与失的界限，从而对困局产生心理免疫。

小李从小生活在一个非常有爱的家庭。后来，他如愿考上了理想的大学，读了自己喜欢的专业。毕业后，他很顺利地进入了一家大型企业。总之，他二十几岁前的人生用一个词概括就是“顺风顺水”。

本以为走上工作岗位，日子也会过得开心顺利，然而，现实却给了他狠狠一击。职场并不如学校和家庭那样简单，而他又缺乏社会历练，说话做事都率性而为、不懂变通，渐渐地，他听到了一些闲言碎语：“这个年轻人做事太冲动，毛毛躁躁的……”这些话都让他很沮丧。

他把自己的遭遇说给父亲听。了解了具体情况后，父亲给他讲了一个故事。有一个人在车祸中失去了双腿，那个人的亲戚和朋友都为他的遭遇而伤心。他却说："这确实是一件很不幸的事情。但是，幸运的是我还活着。"

父亲说："这个人换了一个角度思考，从糟糕的事情里找到了积极的一面。你应该像故事中的人一样学会换位思考，找到积极的一面。"

听了父亲的话，小李顿觉烦恼一扫而空，内心也没有那么难受了。回到单位之后，每当再遇到不顺心的事情，他就想：换个角度看待问题，坏事也能变成好事。想到这里，他的内心又充满了力量。

在上面这个故事中，同样的一件事情对于小李来说，过去带来的都是负面情绪，而现在带来的则是积极向上的正能量。在人际交往中，换位思考是一个非常重要的能力。一个懂得换位思考的人，能发掘事物积极的一面，进而稳定自己的情绪，让自己快速地从糟糕的状态中脱离出来。另外，懂得换位思考的人能站在他人的立场上思考问题，也能理解他人的思想和感受。与他人共情的时候，他们也会减少很多负面情绪的接收。

孔子说："己所不欲，勿施于人。"这句话表达的意思就是换位思考，就是用自己的心推及别人，自己希望怎样生活，就想到别人也会希望这样生活；自己不愿意别人怎样对待自己，就不要那样对待别人；自己希望在社会上能站得住、能通达，就也帮助别人站得住，帮助别人通达。总之，从自己的内心出发，推及他人、去理解他人，对待他人，就是换位思考的直接解释。

为什么有人会如此友善地考虑到其他人呢？真正的原因是：你种下什么，收获的就是什么。播种一份坚持，你会收获一种成长；播种一丝善意，你会收获一路温暖；播种一点宽容，你会收获一份和谐；播种一腔热忱，你会收获满心成就。

就像照镜子一样，你自己的表情和态度，可以从他人对你的表情和态度上看得清清楚楚。你若以诚待人，别人也会以诚待你；你若敌视别人，别人也会敌视你。最真挚的友情和最难解的仇恨都是由这“反射”原理逐步积累而成的。

有位学生曾经问李开复：“为什么我不受欢迎，同学看到我都不打招呼、不对我笑呢？”李开复反问他：“你跟他们打招呼吗？对他们笑吗？”对人冷淡，别人也会回以冷漠；想要被他人友善对待，不妨先对他们表达自己的友善。

又有学生问李开复：“为什么我总是认为同学

对我不怀好意，想和我竞争？”李开复同样反问他：“你对他们的态度又如何呢？你想和他们竞争吗？”

想消除他人对自己的敌意，不妨先消除自己对他人的敌意。所以有人说：“给别人的，其实就是给自己的。”让别人经历什么，有一天自己也将经历，就像你怎么对待父母，将来你的孩子也会怎么对待你一样。因此，若想被人爱，就要先去爱别人；希望被人关心，就要先去关心别人；想要别人善待你，就要先善待别人。这是一个可以适用于任何时间、任何地点的定律。

生活中常听到：“人同此心，心同此理。”强调的也是换位思考。很多时候，我们情绪敏感，易心生芥蒂，主要是因为对事情没有一个全面的了解。假如我们能够换位思考，站在他人的角度思考问题，那么，内心就会多几分理解和体贴，少几分怨恨和不满，也能获得平静，不再像以前那般敏感、脆弱。

别伤感，地球不会围绕着你转圈

在这个世界上，谁都不会围着某一个人转。所以遇到事情时别急着伤感，别急着难过，一切都会好起来的。

敏感的人遇到不如意的事情时，总是深陷负面情绪无法脱身。其实，仔细想想，地球不会围绕着你转，他人的所思所想也不是你能控制的，很多事情都不在我们的掌握之中，你就算难过、气愤、懊恼，又有什么用呢？与其内耗，不如灵活地把握自己，及时扭转方向，换来柳暗花明。类似钻牛角尖的坚持已经不是被推崇的人生态度，试着放松、试着改变，别跟自己过不去。

人的苦恼多半来自自我困扰，很多时候不是因为我们拥有的少，而是以为自己能够得到更多。当现实和设想有距离时，烦恼和失望就出现了，人就开始自我折磨，认为自己的人生是失败的。这种没有意义的自怨自艾只是跟自己较劲，如果能够把这些无谓的自我较劲放在与命运的抗争上，肯定是另一番风景。

人的能力是有限的，静下来想想，你会发现人的力量对于宇宙而言是多么微乎其微。生活中的很多事情是人类的力量无法办到的，这时就不要再把责任压在自己身上。失眠、抑郁都是自己加在自己身上的枷锁，要及时清理这些心灵垃圾，轻装上阵才能摆脱过去，迎接新的一天。当然，对自己有较高的期望是没有错的，尽力依靠自己的力量解决问题，当遇到力所不及的境况时不要为难自己。只要尽力了，就问心无愧。

懂得取舍、懂得退让，别跟自己过不去，这才是人生的智慧。举个例子：媳妇和婆婆闹矛盾，婆婆向儿子告状，儿子再向妻子问罪，妻子无论有理无理都会生一肚子气。折腾了一圈，发现原来这一切竟是自己和自己过不去。事实上，双方相互理解一点，不仅是给对方留空间，也是给自己一片广阔天空。从婆婆的角度来讲，儿孙自有儿孙福，孩子们既然已经长大，那么就应该放手让他们成长，自己为了孩子的事情辛苦了大半辈子，剩下的路就让他们自己走吧。少插手、少操心，年纪大了经不起折腾，何必拿孩子的事来为难自己呢？从儿媳妇的角度来看，双方没有血缘关系，婆婆即使对你没有像对她儿子那样好，也无可厚非。看透这一点，就不会那么难过和失望。如果一味地较真，那就是和自己过不去。

忍一时风平浪静，退一步海阔天空。用宽阔的胸怀去接纳别人，才是聪明之举。一个人活得快乐与否并不是由他拥有多少财富、拥有多少权力来决定的，关键是他的心态，一颗快乐的心包含宽容、包含忍让。通情达理，不跟自己较劲，这才是珍惜自己、热爱自己的表现。

别跟自己过不去，是一种精神上的洒脱。心情灰暗的时候，给情绪寻找一个宣泄口。成功人士都有一个共同特点，那就是通过积极的消遣方式来放松自己的心情。在这个世界上，很多事情超出了我们的掌控，我们不能掌控命运，但我们可以掌控自己；我们无法改变现状，但我们可以改变自己；我们无法改变阴晴，但我们可以改变心情。没有过不去的坎儿，没有跨不过去的沟，何必拿一些外物来折磨自己、苛求自己呢？对自己有信心，对他人够宽容，对生活有微笑，这样你就不会陷入敏感情绪当中，你看到的，都是生命里的光。

第六章

内化钝感，做了不起的自己

钝感虽然有时给人以迟钝、木讷的负面印象，但钝感力却是我们赢得美好生活的手段和智慧。

——［日］渡边淳一

心态影响性格，性格决定命运。如果你是一个过于敏感的人，就要及时调整自己的心态，心态好了，你的钝感力才能增强；钝感力增强了，你的敏感情绪才会绕道而行，你的内心才能收获平静与自由。

制定切实可行的人生目标

有句话说："狮子从不在意绵羊的看法。"请树立一个高远的人生目标吧！你站得高，看得远，就会自动屏蔽那些由敏感带来的负面情绪。

一天，一个小孩放学回家路过一个工地，看到三个工人正在砌墙。好奇心强的小孩忍不住上前问他们："你们在干什么呢？"

第一个工人不耐烦地说："看不见我在砌墙吗？"

第二个工人则扬起笑脸，亲切地告诉孩子："我们正在盖房子呀！"

第三个工人一边哼着小曲，一边笑着回答："我们在修建一座很漂亮的城市，用不了多久，你会发现这里多出一个漂亮的公园。到时候，你就可以和爸爸妈妈一起手牵着手，到这里散步！"

时间如白驹过隙，一晃十年过去了。之前三个工人的命运也发生了翻天覆地的变化。第一个人仍是一名只会砌墙的建筑工人，第二个人已经成了这个建筑队的队长，而第三个人成了一家拥有 20 个建筑队的大型建筑公司的总经理。

人生的目标和格局不同，对待某件事情的态度也不一样，最后的收获也不尽相同。从故事中的对话就可以看出，第三个工人比前两个工人的人生目标更高远，思维格局更广阔。所以对于小孩的提问，他不像第一个工人那般对这份工作心生不甘和怨念，而是对未来充满了期待。

有人说，当你站在山脚下看世界时，你只能看到眼前几百米的山石、树影；站在半山腰看世界时，你发现刚才挡在你面前的树木，已经成为你脚下的风景；站在高山之巅远眺时，所有的风光尽收眼底，再没有什么可以阻挡你的视线。所以，对于一些性格敏感的人来说，只有树立远大的人生目标，才能站得高，看得远。当你的思维格局足够大时，你就不会在小事上斤斤计较，更不会因为这些小事而暗自神伤。

佐川清出生于日本的一个富裕家庭，8 岁那年，母亲因病去世，他跟继母的关系不好，中学没毕业，就赌气离家出走，到外面自谋生路。

最初，他在一家快递公司当快递员。那时的快递公司一般没有运输工具，主要靠搭车和走路，对体力要求比较高，非常辛苦。

当了20年快递员后，佐川清35岁了。他想，自己年龄不小了，应该拥有一份属于自己的事业。干什么好呢？别的行业他不懂，最好还是从自己最拿手的项目开始。于是，他在京都创办了“佐川捷运公司”。公司只有一位老板和一位员工，都是佐川清自己。公司的资产是他强壮的身体。应该说，这是真正的白手起家、从零起步。

佐川清的优势是，他在这一行已有20年经验，知道怎样拉生意和跟客户打交道，也知道怎样把事情做好。最初的艰难时期过后，他成功地打开了局面。

后来，佐川清承接的生意越来越多，一个人忙不过来，他开始雇用职员，还买了两辆旧自行车做运输工具。

再后来，“佐川捷运公司”发展成一家拥有万辆卡车、数百家店铺，由电脑中心控制的现代化流水作业的货运集团公司，垄断了日本的货运业，并且将生意做到国外。佐川清本人也成为日本著名财阀之一。

在一般人看来，当快递员永远无法出人头地。其实，天下哪有好做的职业，只要你心中有目标，做得比别人更好，在任何行业都能成功。

一个人有了目标，就有了眼界和格局，也就有了方向和侧重点。相反，一个胸无大志的人眼睛里看到的都是一些鸡毛蒜皮的小事，所以眼界和格局很小，遇事也没有包容之心，只会敏感多疑、锱铢必较。

所以，我们要想摆脱负面情绪的干扰，那就需要树立自己的人生目标，做一个有思想、有格局的人。具体来说，如何制定自己的人生目标呢？我们不妨扪心自问，自己到底想要什么，自己的优势和劣势在哪里。

明白了这些，我们就可以为自己确立一个初步的人生目标，接着，围绕这个目标，展开一系列的行动。在此过程中，我们的注意力都集中在有意义的事情上，所以不会为了一些无关紧要的琐事而敏感多疑，也不会为了它们而精神内耗。

用已知化解未知的恐惧

过于敏感的人总是容易陷入对未知的恐惧之中。我们要善于利用“已知”来简单、巧妙地解决“未知”，这样才能有效缓解对于未知的恐惧。

对于敏感型人格的人来说，恐惧是普遍且常见的情绪状态。比如，到了一个新的环境，因为担心自己出错和被否定，所以害怕和陌生人说话；再如，在交流沟通的过程中，过于敏感的人害怕被人要求当众发言，也害怕众人都盯着自己看……

恐惧的情绪并不好受，它会让过于敏感的人坐立不安、如履薄冰，每一分每一秒都处在一种煎熬的状态，他们本能地想要抗拒，但是对此却无能为力。

科学研究表明，当一个过于敏感的人受到外界刺激而产生恐惧情绪时，身体会做出一系列的反应，如心跳加快、呼吸急促、产生窒息感等。另外，头脑一片空白、呆若木鸡也是一种很常见的反应。当然，除了这些身体反应之外，这类人的内心也是备受煎熬的，此时他们的全部注意力都集中在如何快速逃离现场这件事情上。

美国精神病学专家布朗洛维博士介绍，恐惧是由大脑颞叶中一个名叫杏仁核的结构进行调节的。过于敏感的人因为受到刺激而产生紧张情绪时，就会激活杏仁核，杏仁核会让他思绪混乱，暂时无法理智地应对事宜。另外，在这种特殊情况下，大脑还会释放出神经化学物质和激素，使人的心率加快、呼吸急促，肠道的血液减少、更多的血液流入肌肉，让他做好战斗或逃跑的准备。

对过于敏感者来说，这种感觉糟糕透了，此时的他们身心承受着折磨，又无力改变现状，因此崩溃至极。那么对于他们而言，应该如何摆脱这种糟糕的情绪体验呢？首先我们要认识到一点：过于敏感的人之所以产生恐惧情绪，就是因为他们对周遭的情况无法掌控，或者发现了不确定的因素。所以，要摆脱恐惧情绪，最好的办法就是用已知化解未知的恐惧。

英国思想家詹姆士·里德曾说，许多恐惧情绪都来自我们对我们生活的这个世界的不了解，来自这个世界对我们的控制。换句话说，如果我们事先对某个事物有一定的了解，那么就不会对不熟悉的东西产生未知感和无法掌控感，当然也不会因为这些感觉而产生恐惧情绪了。另外，我们对某个事情有一定的了解时，就不会产生一系列的联想和幻想，从而加深我们的恐惧情绪。

一架飞机在万米高空飞行，突然驾驶舱挡风玻璃脱落，座舱很快释压。碎掉的玻璃被卷进了右侧的引擎，飞机开始变得摇摇晃晃。与此同时，副驾驶的半个身子也被甩到了飞机外面，情况岌岌可危。

此时机舱内也是一片狼藉，强烈的气流将人都吹起来了，氧气面罩散落一地。更糟糕的是，飞机此时又碰上强暴风雨的恶劣天气。

在巨大恐惧情绪的裹挟下，一个40岁左右的男乘客失去理智，对着机长破口大骂，甚至还要冲进驾驶舱。他不知道的是，此时的机长正拖着被严重冻伤的身体，全力营救着乘客的性命。在机长的努力下，飞机终于冲出了危险区域，在与地面工作人员的完美配合下成功降落。

在这生死关头，毫无掌控感的乘客已经害怕到了极点，所以他们表现得非常慌乱。飞机内的空乘人员了解一定的飞行常识和安全技能，所以他们比乘客更理智一些，在他们的指挥下，乘客系好安全带，戴好氧气面罩，这才避免了窒息和被甩飞的风险。化解此次危机的关键人物——机长则因为具备极强的专业能力和心理素质，所以受到负面情绪的干扰最少。在危险来临之际，他凭借着专业又娴熟的飞行技能，成功扭转局势，最后将大家安全地带回了地面。

一个人对局面的掌控感越强，他所产生的负面情绪就越少。所以，对于敏感者而言，要想克服对未知的恐惧，就得不断学习，增长自己的见识，提升自己的实力，增强自己的预见能力，用已知去化解未知的恐惧。这样一来，我们就具备了很强的抗压能力，对即将到来的困难和危机也就没有那么敏感了，而是能镇定自若地把控好局面，想好应对的策略，轻松摆脱危机的困扰。

有时候，我们需要的是落落大方

被敏感情绪困扰的人，可以锻炼自己的心志，坚强的心志会帮你过滤掉一些不必要的声音，也可以让你拥有更多对抗困难的勇气。

对于过于敏感的人来说，紧张的情绪体验并不陌生。我们在成长过程中，随时都能体会到紧张的情绪。我们还是婴儿时，看到不熟悉的人和物，会紧张得哇哇大哭；到了上学的年纪，被老师叫起来当众发言，也会紧张到手心冒汗；等到了青春年少之时，看到喜欢的人，我们会紧张得心脏怦怦乱跳；步入社会，初次参加工作，被领导提问，我们依旧无法做到落落大方，生怕自己一个不小心在众人面前出丑。

总之，对于过于敏感的人而言，不管在什么时候，紧张情绪总会与我们相伴而行，给我们带来糟糕的情感体验。在我们的内心，也想像那些大方、自信的人一样，表现得潇洒得体，可往往事与愿违。

一般来说，过于敏感的人受到刺激后，会紧张到肌肉僵硬，表情管理失去控制，动作神态都显得不自然，大脑一片空白，手心不停冒汗，心跳加快，腿也发软。当然，除了这些生理上的反应，过于敏感的人在表达上也无法流畅自然，而是磕磕巴巴，话里带有一些颤音，内心焦灼不已，非常想逃离所处的环境。

总之，对于敏感型人格的人而言，紧张是他们生活中很常见的一种情绪，这种情绪的存在告诉他们：在面对外界事物的刺激时，你还没有做好心理准备，你需要用自己的智慧和能力化解这一尴尬的局面。

一位学者被聘为某大学的客座教授。因为之前没有登台授课的经验，所以他私下准备了很久，但就算这样，在走上讲台之后还是紧张得双手冒汗，开始授课时却把备课内容忘得一干二净，只能无奈地低头念稿。

在结束授课后，他没有为保全自己的面子而强行找借口搪塞大家，而是转过身默默地在黑板上留下一句话："今天是我第一次上课，见你们人多，我害怕了。"

他这坦率赤诚的行为并没有招来学生的嘲笑和奚落，反而让大家更喜欢他的为人了。

对于过于敏感的人而言，紧张怯场是很常见的心理反应，尤其是在没有经验、初次尝试的时候，这种负面情绪会把我们带入一个很尴尬的境地。那么，我们为什么会不受控制地紧张呢？究其根本原因，还是害怕自己在公众面前出丑。换句话说，过于敏感的人脸皮薄，他们害怕做不好会影响自身形象。正因为有了这层心理负担的影响，紧张情绪才会出现。

美国演讲学家查尔斯·格鲁内也曾提出过与之类似的理论。他认为每个人都具有理性的、社会的、性别的、职业的自我形象。当他们进行演出、演讲时，其自我形象就会暴露于公众面前。由于他们担心自我形象会遭到破坏，就会产生窘迫不安的怯场心理。对于过于敏感自卑的人而言，这种担忧心理更加严重一些。

我们要想从根本上克服这种负面情绪，就要打破固有的想法，不断增强自己的心志。不要觉得克服负面情绪是一种失面子的行为，其实有的时候，放下面子并不意味着自己的尊严尽失，而是放下自己的固执和芥蒂，放下心中的敏感与自卑，从而以更放松的状态迎接生活的挑战。

张元是一个出身寒门的女孩，家境贫困的她从小就吃了很多苦头。后来，她凭着顽强的毅力和对学习的热情，走进了名校的大门。

成功进入名校之后，她并没有停止人生的追求。她报名参加了某个歌唱比赛。虽然她知道自己有一定的唱歌天赋，但是她未曾参加过专业的培训，因此很有可能因为表现欠佳而招来众人的嘲笑，但是她不在乎。

在歌唱比赛之初，她作为非专业选手，表现得并没有那么亮眼。虽然如此，但她并没有灰心，更加没有泄气和退缩，而是在私下开始疯狂地学习和训练。功夫不负有心人，短短的时间里，在初赛中并无亮眼表现的张元硬是一路杀出重围，成功杀入决赛。

每个人都应该敢于尝试，只有敢于尝试，不被困难吓倒，才有机会获得成功。假使张元一开始就因害怕遭到他人的嘲笑而放弃努力，她就不会杀进决赛，后续的发展也很难达到理想的状态。

对于过于敏感的人而言，消除紧张情绪最有效、最根本的方法便是改变传统思维，努力做一个落落大方的人。这样你就不会因为害怕丢人而瞻前顾后、裹足不前，也不会因此而错失人生的宝贵机会。

除了改变思维，处事要落落大方外，还可以通过降低期望、提前练习、给自己积极的心理暗示、深呼吸、听音乐等方法让自己放松下来。这些方法也可以很好地消除敏感情绪。

破除攀比心，才能活得轻松

放下攀比心，放下敏感的情绪，放下心中的执念，这个时候你会发现内耗消失了，人生又重新回到了自由、舒展的状态。

在一次公司评级活动中，老王落了下风。同事老李和他资历差不多，但是比他多评了一级职称，多涨了两级工资。为此他耿耿于怀，终日抱怨不断，最后精神郁结的他，身体也出现了一些问题。朋友劝其想开些，他根本听不进去，后来，长期遭受精神折磨的他竟然生了一场大病，抱憾离世了。事后亲戚朋友们都为老王感到不值。如果他早早放下攀比心理，调整好心态，认真努力地工作，也许职位和待遇能比现在更好一些。可惜，现在说什么都晚了。

老话说："人比人，气死人；命比命，气成病。"对于过于敏感的人来说，一定要戒掉攀比心理，不可像故事中的老王那样郁郁寡欢，最后被负面情绪打败。

常言道："人外有人，天外有天。"所以，日常生活中，我们不可能事事都占上风，更不可能成为常胜将军。如果我们认识不到这一点，一味和别人比，那么很容易在与别人的攀比中损耗精神，从而降低自己工作的效率。

每一个人都有自己的特长，也都有自己的短处，你只要专攻自己擅长的领域，就可以成为某个行业的佼佼者，完全不需要因看到别人的一点长处就心理失衡。把自己该做的做好，才是一个智者所为。每一个人在这个世界上都具有独一无二的价值，没有谁比谁更重要。所以，相互攀比是一件没有意义的事情。

做人不要攀比，做好自己的事，按照自己喜欢的方式生活，就会活出自己的价值；如果反其道而行之，容易在攀比中丧失自信，从而变得患得患失，失去往日的潇洒和自在。

有个国王每天处理完政务后，都要到花园里散步。一天，他突然发现花园里的花朵全都枯萎了。这时，他才意识到原来深秋已经不知不觉来到了。

正当国王望着萧条的景色发出感慨时，他突然发现花园里竟然有一棵心安草焕发着勃勃生机。好奇的国王走到它的身边，不禁问道："小小的心安草呀，别的植物都枯萎了，为什么唯有你还生机勃勃？”

心安草回答道：“亲爱的国王，橡树因为没有松树高大挺拔，所以难过而死；松树因为不比葡萄树能结果子，所以也难过而死了；而葡萄树因为没有橡树那样笔直，也不像橡树那样能开出美丽的花朵，竟也难过死了；牵牛花因为没有紫丁香的芬芳以至于郁郁而终，紫丁香则因为没有牵牛花的花朵而伤心枯萎了。”

国王问它：“那你呢？”

心安草回答道：“因为我不想和别的植物攀比，我只是一棵平凡无奇的小草，所以我活得很快乐，每天都生机勃勃。”

生活中的我们，总是像寓言里的其他植物一样，非要拿自己的劣势和别人的优势比，结果变得自卑、敏感，心情郁结，这又何必呢？生命的形式是多样的，自己过得开心就好了，何必非要跟别人一较高下呢？不要把自己的幸福“定位”在别人身上，盯着自己的优势，做好自己的事情，这样日子才能过得松弛而美好。

拥有一颗勇敢的心，困难便是“纸老虎”

那些能够鼓足勇气面对困难的人，会冲破重重阻挠，战胜困难，自然就不用在困难面前低下高贵的头颅，他们永远不会失去自尊。而敏感又自卑的人如果能拥有一颗勇敢的心，那将是生活的最优解。

很多人终其一生都在探求成功的秘密，但成功的答案并不是那么容易获得的。正如没有人注定是失败者一样，也没有人一定能成功。但是我们知道什么样的人最有可能取得成功，那就是拥有一颗勇敢的心的人。在今天看来，我们只有拥有一颗勇敢的心，才能成为充满勇气的人，才能敢于直视人生中的所有困难，并迎难而上，最终抵达成功的彼岸。

生活中，真正勇敢的人并不多，尤其是那些自卑、敏感的人，他们面对生活中的不如意只会自怨自艾、顾影自怜。其实，内耗并不会让人改变糟糕的现状，拿出勇气放手一搏才有可能改变命运。

从前，在一口井里住着三只蛤蟆，一大两小。井里的环境非常恶劣，陪伴它们的只有一摊污水，还有偶然闯入井里的飞虫，并且因为条件有限，它们常常食不果腹。最可怜的是两只小蛤蟆，不仅生存环境艰难，而且还时常受到大蛤蟆的欺负。

一天，大蛤蟆又像往常一样对两只小蛤蟆发起攻击。一只小蛤蟆对另一只小蛤蟆说："我们得离开这里，否则永远只有挨欺负的份儿。"

另一只小蛤蟆说："弟弟呀，我也不想过这样的日子，但这里的水还是够用的，偶尔还有飞虫进来，虽然我们经常受欺负，但至少可以生存下去呀！"

"不，我一定要去外面的世界看看！"小蛤蟆说。

"别妄想了，外面的世界到底怎么样，你也不知道，说不定还不如这里呢！再说，从这里爬出去几乎不可能，你唯一的办法就是跳到人类的打水桶里。可你一旦落入人类的手里，你还能活得了吗？"另一只小蛤蟆说。

小蛤蟆听完，沉默了很久。

一天，一个农夫从井里打水浇地，小蛤蟆勇敢地跳到了农夫的水桶里。善良的农夫并没有伤害小蛤蟆，而是将它放到了田野里。

见到外面的世界，小蛤蟆喜不自胜，从此过着快乐的生活，而那只没有勇气的小蛤蟆，一生只能守着那个不堪的井，继续过着食不果腹、饱受欺辱的日子。

两只小蛤蟆和生活中的一些人何其相似。有些人就像那只敏感脆弱、永守井底的蛤蟆一样，面对困局，总是抱怨时乖运蹇，总是犹豫彷徨，另一些人则像那只跳出井口的蛤蟆一样勇敢执着，能够放手一搏。于是，前者继续过着毫无生气的生活并自怨自艾，感伤自己的命运，后者却为自己的人生争取到了转机，活出了不一样的精彩。

有勇气的人永远不失自尊。我们只有敢闯敢干，才能把自己从自卑敏感、懦弱无能中抽离出来。另外，我们需要明白的是，困难并没有我们想象中的强大，只要怀着一颗勇敢的心，那么成功很快就会向我们招手。

一个学生在学习之余，喜欢到学校的咖啡厅或者茶社听一些成功人士分享自己的经验。听着听着，他发现其实攻克难关、创造成功并不是一件很难的事情，因为那些成功人士总是把自己的成功看得很轻松、很自然，在他们眼里，成功似乎是一件水到渠成的事情。

经过一段时间的观察和总结，他发现，自己印象中关于成功的经验似乎有误。那些经验传递出来的信息通常是这样的：创业实在是太难了，能够创业成功的人通常都是走出了“九死一生”的困局，经历了异于常人的艰辛。

经过对比，他开始着手准备自己的毕业论文。经过很长时间的研究整理，他最终写出了一篇关于“成功并不难”的论文。后来他把自己的论文交给了一位非常知名的教授。教授看过文章之后，大受震撼，他发现这个学生的研究内容是没有人做过的。

这个学生的研究鼓舞了很多年轻人，他们纷纷放弃做一名普通打工者的心态，发愤图强，向着成功的方向努力拼搏，最后，成功一次次地降临到他们的身上。

困难并没有你想象中的那么强大，对于每一个普通人而言，我们没有理由不勇敢。面对眼前的困难，我们有健康的身体、丰富的思想、广博的知识，这些都会帮助我们获得成功。所以，勇敢一点吧！我们只有积极乐观地去面对，困难才会被我们踩在脚下。

用宽容心给情绪降温

敏感多疑、暴躁易怒等负面情绪是健康杀手。宽容之心像一望无际的大海，可以溶解掉所有可能爆发的矛盾与冲突，也可以帮助我们快速平息心中的怒气。

在生活中，我们经常可以看见有些人为了小事斤斤计较。比如，菜市场里，买卖双方因为几角钱争得面红耳赤，不肯相让；马路上，来去双方为了一点小小的摩擦大打出手；在家里，夫妻双方为了一句无心的话，气得夜不能寐。其实做人不能太斤斤计较、认死理。俗话说："水至清则无鱼，人至察则无徒。"凡事太认真了，人就会失去包容之心，就会对什么都看不惯，不仅容不下身边的小事，就连自己的过错也容不下。这样会让自己陷入无尽的内耗，痛苦不已。

从前，有个人总是因为一些鸡毛蒜皮的小事而忧思愁闷，不过他也意识到，自己这样脆弱、敏感，总是沉浸在苦闷愤怒的情绪当中是不对的，于是找到一位智者开解。

岂料，智者了解完情况之后，一言不发，悄悄地把他锁在房里就走了。这个人意识到自己被困后，拼命呼救，但是智者却不理会他。最后，这个人喊累了，安静了下来。这时，智者才缓缓打开门，严肃地问道："你现在是否还在生气？"

这个人生气地说道："我真是给自己添堵，到你这儿来受这种委屈，我恨死自己了！"智者听了这个人的话说道："你生起气来，连自己都不肯放过，怎么可能做到心态平和呢？"说罢，他又锁了门，离开了。

过了一会儿，智者又来到门口，再次问这个人是否消气了。这个人急忙说："我已经不生气了。"智者问他为什么，这个人说："我生气又有什么用呢？你不是照样不让我离开吗？"对于这个人的回答，智者还是不认可，他告诉这个人："你虽然暂时不生气了，但是你的气并没有完全释放，它郁结在你的心里，在未来的某个时刻还是会爆发的。"说罢，智者又走开了。

等到智者第三次来到门口的时候，这个人主动跟智者说道："我已经不生气了，因为完全不值得。"

这时，智者才心满意足地把这个人放出来并告诉他："你现在知道这件事不值得生气了，可见你已经想明白了。"这个人不解地问道："什么是气？"智者答道："气，就是别人吐出来的，而你需要接收到口中的东西；生气就是拿他人的过错惩罚自己，这是很不明智的行为，一点都不值得。"

这个人听罢陷入了深深的思考当中。

按故事里智者的说法，你对别人的行为比较敏感，经常因为别人的过错而让自己生气，其实就是拿别人的错误惩罚自己。这个时候，只有生出一颗宽容之心，宽恕别人，自己的内心才能得到真正的解脱，才能给自己留一条出路。否则，你一旦被负面的情绪所控制，就会让自己一步步地陷入沼泽，无法用理性的思维思考和解决问题。

网上有这样一个寓言故事：

一头骆驼顶着烈日在沙漠中前行，突然它踩到一个玻璃碎片，脚掌被划了一下。

骆驼心烦气躁，一脚把玻璃碎片踢开，却把自己的脚掌划了一道更深的口子，很快，一大片沙子就被鲜血染红了。生气的骆驼只能拖着受伤的脚掌缓慢前行，但是更倒霉的是，血腥味很快引来一只凶猛的秃鹫，骆驼拼命狂奔了很久总算摆脱秃鹫之后，又引来了狼的注意。听着狼的嚎叫，骆驼的心里害怕极了。它只能奋力地奔跑。但是跑着跑着，倒霉的骆驼一不小心又跑到了食人蚁的区域。

这时的骆驼再也没有力气反抗食人蚁的攻击了。临死前，骆驼后悔地说道："当初我为什么就容不下小小的玻璃片呢？为什么非要跟它置气呢？"

情绪敏感、无法保持冷静真的是一件危险的事情。如果控制不住情绪，就有可能陷入困境。所以，我们每个人都应该拥有一颗宽容且通透的心。"人非圣贤，孰能无过"，对待别人的过失、缺陷，要宽容大度一些，不要吹毛求疵、求全责备，可以求大同存小异，这样才不会被敏感的情绪所困扰。另外，遇到不顺的事情时，不要充满怨气或满腔愤怒，而应该想得通、看得透，这样我们才不至于被负面情绪吞噬理智，以至于无法做出正确的选择。

用淡然心化解日常的孤独

热闹是一群人的空虚，孤独是一个人的清欢。那些不被孤独包围的人，都是能够找到有效方式化解孤独的人。

惠子在魏国做宰相，庄子去拜访他。

有个小人在惠子跟前挑拨离间："庄子和您一前一后来到梁国，他是想取代您的位子。"

惠子听后，心里十分害怕，于是下令抓捕庄子。不料这时，庄子主动出现在他的面前，不屑一顾地说："你知道吗？南方有一种叫鹓鸰的鸟，它从南海出发，飞往北海。一路上，它看不到梧桐树就不栖息，找不到竹子的果实就不吃，看不到甘甜的泉水就不喝水。一天，有一只猫头鹰叼着一只臭老鼠正准备吃，这时，鹓鸰从它的旁边飞过，猫头鹰仰头看着，发出'吓'的怒斥声，生怕鹓鸰抢了它的'美食'。现在，你也想用梁国的相位吓退我吗？"

有的时候，我们也像庄子一样，本来胸怀坦荡，却被人误解，这时就有一种孤独感油然而生。这种不被人理解的滋味并不好受，尤其是对于那些敏感的人来说，他们的内心世界极为丰富，可真正理解他们的人并没有多少，所以这种孤独、落寞的滋味经常占据着他们的内心。

在这种被孤独包围的情况下，我们应该如何自处呢？有时，淡然面对才是最好的办法。

一个人成名之后收获了很多的鲜花和掌声，可是繁花落尽之后，他的内心非常孤独。为了排解内心的这种负面情绪，他毅然选择远离尘世，独自一个人上山修行。在山上，他看见了赏心悦目的自然美景，独自品味了四季的轮转，内心世界也得到了充实，生活过得惬意而自在。

人的一生是一场孤独的旅行。在独自行走的时光里，我们与其苦闷沉沦，不如淡然处之，就像林清玄那般，学会坦然接受孤独、拥抱孤独。在孤独中与自己的心灵对话，在寂寞中感受生命的美好和意义，何尝不是一件快乐的事情呢？

孤独也是上天赏赐的一件礼物。在此期间，我们可以默默沉淀自己，增长自己的才干，完成自我的逆袭和蜕变，这也是一件非常有意义的事情。

曾经有一个剑术高手，他早年去一位剑客门下学习剑艺。起初，他非常急躁，忙着问师父：“我修炼成一名出色的剑师，需要多长时间？”师父告诉他需要用一生的时间。之后他又问师父：“如果我认真努力，做好吃苦的准备，一心一意跟您学，多长时间可以学成？”师父告诉他需要10年。后来他告诉师父，自己的父亲年纪已经很大了，而且身体也不好，他想早点学成，好回家尽孝。师父一听他这样说，立刻告诉他，学成还需要30年。

这个剑术高手听得云里雾里，他不明白师父为什么要把学成的时间变来变去，于是他告诉师父：“我不明白为什么学剑的时间没有一个定数，但我想以最快的速度把它学好。”师父看见他急于求成，于是语重心长地说道：“欲速则不达，如果你再这样急功近利，也许学完得花个七八十年的时间。”

听了师父的话，他意识到了自己的问题。于是他静下心来，踏踏实实地跟师父练习剑术。最终，他成了一个剑术高手。

成名后的他意识到了师父的良苦用心：师父之所以没有立即教授技术，就是要让他在日复一日的琐事中戒骄戒躁，守住孤独、守住寂寞，这样才能有足够的耐心一步步走向成功。

对于大多数人而言，孤独是一种折磨。而对于能够击败孤独、走向成功的人而言，孤独是对意志力和心灵的一种锤炼。李白写过一首诗：“众鸟高飞尽，孤云独去闲。相看两不厌，只有敬亭山。”李白一个人坐在敬亭山上，在一片白云底下，和敬亭山的翠微山色彼此对视，自己喜欢这座山，觉得这座山也喜欢自己。活得通透之人，不会在人群的喧嚣中填补内心的空虚，更不会在世俗的琐碎里打发生命，他独与天地精神相往来，一个人在宇宙天地之间治愈自己的灵魂，自得其乐、自在悠然。

我们只有以一颗淡然的心去面对孤独，才能在孤独中化茧，积蓄用以厚积薄发的能量。

用乐观治愈“心灵感冒”

抑郁的世界是灰色而让人绝望的，包围着一个个苦苦挣扎的灵魂。我们要想从中得以解脱，就需要保持阳光乐观的心态，乐观是战胜一切困难的最有力的武器。

生活中可以看到这样一类人，他们常常把“郁闷死了”“我不想活了”“真是烦死了”这些负面的话挂在嘴上。如果某个人的嘴里频频说出这样的词句，那么他很大概率正被抑郁情绪折磨着。

抑郁情绪是一个人在遭遇挫折、失败、生离死别、意外事故，或者某件事情的结果不尽如人意时所产生的一种情绪反应。比如，自己辛辛苦苦努力三年，到头来依旧和自己喜欢的大学擦肩而过，这个时候，人的情绪无疑是失落而烦躁的；再如，我们与最喜欢的、最在意的人闹了很大的矛盾，此刻，我们的情绪一定是悲伤又郁闷的；又如，我们兴致勃勃地做好了旅游攻略，结果因为一些突发状况旅行被耽搁了，此时，我们的情绪一定是低落和烦躁的……

抑郁是一种糟糕的情绪体验。当抑郁情绪来袭时，我们感受不到一点快乐，只有无尽的悲伤和压抑。

抑郁程度不同，其危害也不一样。轻度的抑郁情绪，如作画的时候不小心滴上了一滴水，赶公交的时候一个不小心滑倒了，导致自己错过了想要坐的车……这些都会让人的情绪一下子由好变坏，心情在短时间内变得十分糟糕，做什么事情都无法用理智去思考。持续的抑郁情绪则会慢慢地诱发抑郁症。此时，抑郁就变得严重了，它不再是单纯的情绪，而是一种疾病。患上抑郁症的人不单单会有不快乐的情绪，还有其他一些更为严重的症状，如对生活失去兴趣，每天都感觉很难过，注意力和记忆力下降，总是以泪洗面，内心非常空虚和自卑，觉得自己毫无价值，更有甚者会残害自己的生命。

从新闻报道里一桩桩触目惊心的抑郁症患者自杀的案例当中，我们就可以直观地感受到它的危害。所以，对于情绪敏感的人来说，对抑郁情绪绝对不能掉以轻心。如果某个人长期承受着无形的精神压力和生活上的挫败感，而且这种糟糕的情绪又得不到及时排解，就会有患上抑郁症的隐患。

最近，刘女士的精神状态很不好，她每天晚上严重失眠，身体消瘦得厉害，去医院检查，医生也看不出有什么问题，可在她的家人看来，她好像得了很严重的病。

在朋友的建议下，她预约了一位心理医生。她向心理医生倾诉自己的各种苦恼。比如，邻居非常冷漠，见了面也不跟她打招呼；楼上总是发出噪声，让她无法安眠；小区的保安很不负责任，总是糊弄业主……如此种种，她认为生活很没意思，活着也是一种痛苦的煎熬。

等刘女士说完，心理医生询问起了她和老公的感情状况。

此时，刘女士的脸上才露出笑容，她告诉医生，自己和老公感情很好，两人结婚十几年了，从来没有红过脸。

心理医生微笑着点点头，又问："那你们有几个孩子？"刘女士听到孩子，脸上不由得露出欣慰的表情，她告诉医生："我有一个女儿，6 岁了，她体贴懂事，是一个不折不扣的小棉袄。"然后，心理医生又问了刘女士一些其他问题。

最后，心理医生将她苦恼的事和开心的事分别写在两张纸上，并嘱咐她："这两张纸就是治病的药方，你将大部分精力用来计较苦恼的事，却从来没有注意生活中的幸福和温暖。"

法国雕塑家罗丹说：“生活中从来不缺少美，而是缺少发现美的眼睛。”同样，我们的生活中并不缺少幸福，只是你缺少发现幸福的眼睛。如果我们能换个角度，用乐观的心态看待问题，就会发现生活原来如此精彩，心情自然也会像阳光般灿烂。

一个美国男子平时风趣幽默、笑声朗朗，生活得非常开心，但有一天，他被误判入狱，遭受了很多不公正的待遇。

狱警们看他不顺眼，想办法折磨他。一次，他们用手铐将他吊起来，狠狠抽打。可没过多久，他见了狱警，竟然微笑着道谢：“谢谢你们治好了我的背痛。”狱警又将他关进一个因日晒而温度极高的锡箱里。经过长久的炙烤，这个男子的身体早已伤痕累累，可当他出来的时候，竟然请求狱警：“啊，拜托你们再让我待一天，我正觉得有趣呢！”

最后，狱警将他和一个凶恶的犯人关在了一起。可当他和这个凶恶的犯人被关在一间密室时，两人竟然有说有笑地变成了好朋友，这让狱警都大吃一惊。

世间许多事情本身并无所谓的好与不好，关键是看你持什么样的心态去对待。这个被误判入狱的男子只不过是选择了乐观面对暂时无法改变的困难。所以，任何时候、任何人都无法摧毁一个人追求快乐的热情。开心一点吧！与其每日被各种突发事件搞得郁郁寡欢、情绪低落，不如转换视角，以积极的心态面对这一切。

情绪自由，人生更轻盈。情绪稳定，人生更自洽。允许一切发生，告别精神内耗，快乐就是开怀一笑！